學數
易容
讓變

# 幫你學數學

張景中 著

商務印書館

幫你學數學

作　　者：張景中
責任編輯：張宇程
封面設計：涂　慧
出　　版：商務印書館（香港）有限公司
香港筲箕灣耀興道 3 號東滙廣場 8 樓
http://www.commercialpress.com.hk
發　　行：香港聯合書刊物流有限公司
香港新界大埔汀麗路 36 號中華商務印刷大廈 3 字樓
印　　刷：美雅印刷製本有限公司
九龍觀塘榮業街 6 號海濱工業大廈 4 樓 A 室
版　　次：2020 年 7 月第 1 版第 2 次印刷

ISBN 978 962 07 5778 5
Printed in Hong Kong

# 序

我想人的天性是懶的，就像物體有惰性。要是沒甚麼鞭策，沒甚麼督促，很多事情就做不成。我的第一本科普書《數學傳奇》，就是在中國少年兒童出版社的文贊陽先生督促下寫成的。那是1979年暑假，他到成都，到我家裏找我。他說你還沒有出過書，就寫一本數學科普書吧。這麼說了幾次，盛情難卻，我就試着寫了，自己一讀又不滿意，就撕掉重新寫。那時沒有計算機或打字機，是老老實實用筆在稿紙上寫的。幾個月下來，最後寫了6萬字。他給我刪掉了3萬，書就出來了。為甚麼要刪？文先生說，他看不懂的就刪，連自己都看不懂，怎麼忍心印出來給小朋友看呢？書出來之後，他高興地告訴我，很受歡迎，並動員我再寫一本。

後來，其他的書都是被逼出來的。湖南教育出版社出版的《數學與哲學》，是我大學裏高等代數老師丁石孫先生主編的套書中的一本。開策劃會時我沒出席，他們就留了「數學與哲學」這個題目給我。我不懂哲學，只好找幾本書老老實實地學了兩個月，加上自己的看法，湊出來交卷。書中對一些古老的話題如「飛矢不動」、「白馬非馬」、「先有雞還是先有蛋」、「偶然與必然」，冒昧地提出自己的看法，引起了讀者的興趣。此書後來被3家出版社出版。又被選用改編為數學教育方向的《數學哲學》教材。其中許多材料還被收錄於一些中學的校本教材之中。

《數學家的眼光》是被陳效師先生逼出來的。他說，您給文先生寫了書，他退休了，我接替他的工作，您也得給我寫。我經不住他一再勸説，就答應下來。一答應，就像是欠下一筆債似的，只好想到甚麼就寫點甚麼。5 年積累下來，寫成了 6 萬字的一本小冊子。

這是外因，另外也有內因。自己小時候接觸了科普書，感到幫助很大，印象很深。比如蘇聯伊林的《十萬個為甚麼》、《幾點鐘》、《不夜天》、《汽車怎樣會跑路》；中國顧均正的《科學趣味》和他翻譯的《烏拉·波拉故事集》，劉薰宇的《馬先生談算學》和《數學的園地》，王峻岑的《數學列車》。這些書不僅讀起來有趣，讀後還能夠帶來悠長的回味和反覆的思索。還有法布林的《蜘蛛的故事》和《化學奇談》，很有思想，有啟發，本來看上去很普通的事情，竟有那麼多意想不到的奧妙在裏面。看了這些書，就促使自己去學習更多的科學知識，也激發了創作的慾望。那時我就想，如果有人給我出版，我也要寫這樣好看的書。

法布林寫的書，以十大卷的《昆蟲記》為代表，不但是科普書，也可以看成是科學專著。這樣的書，小朋友看起來趣味盎然，專家看了也收穫頗豐。他的科學研究和科普創作是融為一體的，令人佩服。

寫數學科普，想學法布林太難了。也許根本不可能做到像《昆蟲記》那樣將科研和科普融為一體。但在寫的過程中，總還是禁不住想把自己想出來的東西放到書裏，把科研和科普結合起來。

從一開始，寫《數學傳奇》時，我就努力嘗試讓讀者分享自己體驗過的思考的樂趣。書裏提到的「五猴分桃」問題，在世界上流傳已久。20 世紀 80 年代，諾貝爾獎獲得者李政道訪問中國科學技術大學，和少年班的學生們座談時提到這個問題，少年大學生們一時都沒有做出來。李政道介紹了著名數學家懷德海的一個巧妙解答，用到了高階差分方程特解的概念。基於函數相似變換的思想，我設計了「先借後還」的情景，給出一個小學生能夠懂的簡單解法。這個小小的成功給了我很大的啟發：寫科普不僅僅是搬運和解讀知識，也要深深地思考。

在《數學家的眼光》一書中，提到了祖沖之的密率 $\frac{355}{113}$ 有甚麼好處的問題。數學大師華羅庚在《數論導引》一書中用丢番圖理論證明了，所有分母不超過 366 的分數中，$\frac{355}{113}$ 最接近圓周率 π。另一位數學家夏道行，在他的《e 和 π》一書中用連分數理論推出，分母不超過 8000 的分數中，$\frac{355}{113}$ 最接近圓周率 π。在學習了這些方法的基礎上我做了進一步探索，只用初中數學中的不等式知識，不多幾行的推導就能證明，分母不超過 16586 的分數中，$\frac{355}{113}$ 是最接近 π 的冠軍。而 $\frac{52163}{16604}$ 比 $\frac{355}{113}$ 在小數後第七位上略精確一點，但分母卻大了上百倍！

我的老師北京大學的程慶民教授在一篇書評中，特別稱讚了五猴分桃的新解法。著名數學家王元院士，則在書評中對我在密率問題的處理表示欣賞。學術前輩的鼓勵，是對自己的鞭策，也是自己能夠長期堅持科普創作的動力之一。

在科普創作時做過的數學題中，我認為最有趣的是生銹圓規作圖問題。這個問題是美國著名幾何學家佩多教授在國外刊物上提出來的，我們給圓滿地解決了。先在國內作為科普文章發表，後來寫成英文刊登在國外的學術期刊《幾何學報》上。這是數學科普與科研相融合的不多的例子之一。佩多教授就此事發表過一篇短文，盛讚中國幾何學者的工作，説這是他最愉快的數學經驗之一。

1974年我在新疆當過中學數學教師。一些教學心得成為後來科普寫作的素材。文集中多處涉及面積方法解題，如《從數學教育到教育數學》、《新概念幾何》、《幾何的新方法和新體系》等，源於教學經驗的啟發。面積方法古今中外早已有了。我所做的，主要是提出兩個基本工具（共邊定理和共角定理），並發現了面積方法是具有普遍意義的幾何解題方法。1992年應周咸青邀請訪美合作時，從共邊定理的一則應用中提煉出消點演算法，發展出幾何定理機器證明的新思路。接着和周咸青、高小山合作，系統地建立了幾何定理可讀證明自動生成的理論和演算法。楊路進一步把這個方法推廣到非歐幾何，並發現了一批非歐幾何新定理。國際著名計算機科學家保伊爾（Robert S. Boyer）將此譽為計算機處理幾何問題發展道路上的里程碑。這一工作獲1995年中國科學院自然科學一等獎和1997年國家自然科學二等獎。從教學到科普又到科學研究，20年的發展變化實在出乎自己的意料！

在《數學家的眼光》中，用一個例子説明，用有誤差的計算可能獲得準確的結果。基於這一想法，最近幾年開闢了「零誤差計算」的新的研究方向，初步有了不錯的結果。例如，用這個思想建立的因式分解新演算法，對於兩個變元的情形，比現有方法效率有上千倍的提高。這個方向的研究還在發展之中。

1979-1985年，我在中國科學技術大學先後為少年班和數學系講微積分。在教學中對極限概念和實數理論做了較深入的思考，提出了一種比較容易理解的極限定義方法——「非ε語言極限定義」，還發現了類似於數學歸納法的「連續歸納法」。這些想法，連同面積方法的部分例子，構成了1989年出版的《從數學教育到教育數學》的主要內容。這本書是在四川教育出版社余秉本女士督促下寫出來的。書中第一次提出了「教育數學」的概念，認為教育數學的任務是「為了數學教育的需要，對數學的成果進行再創造。」這一理念漸漸被更多的學者和老師們認同，導致2004年教育數學學會（全名是「中國高等教育學會教育數學專業委員會」）的誕生。此後每年舉行一次教育數學年會，交流為教育而改進數學的心得。這本書先後由3家出版社出版，從此面積方法在國內被編入多種奧數培訓讀物。師範院校的教材《初等幾何研究》（左銓如、季素月編著，上海科技教育出版社，1991年）中詳細介紹了系統面積方法的基本原理。已故的著名數學家和數學教育家，西南師大陳重穆教授在主持編寫的《高效初中數學實驗教材》中，把面積方法的兩個基本工具「共邊定理」和「共角定理」作為重要定理，教學實驗效果很好。1993年，四川都江教育學院劉宗貴老師根據此書中的想法編寫的教材《非ε語言一元微積分學》在貴州教育出版社出版。在教學實踐中效果明顯，後來還發表了論文。此後，重慶師範學院陳文立先生和廣州師範學院蕭治經先生所編寫的微積分教材，也都採用了此書中提出的「非ε語言極限定義」。

十多年之後，受林群先生研究工作的啟發帶動，我重啟了關於微積分教學改革的思考。文集中有關不用極限的微積分的內容，是2005年以來的心得。這方面的見解，得到著名數學教育家張奠宙先生的首肯，使我堅定了投入教學實踐的信心。我曾經在高中嘗試過用5個課時講不用極限的微積分初步。又在南方科技大學試講，用16個課時講不用極限的一元微積分，嚴謹論證了所有的基本定理。初步實驗的，效果尚可，系統的教學實踐尚待開展。

也是在2005年後，自己對教育數學的具體努力方向有了新的認識。長期以來，幾何教學是國際上數學教育關注的焦點之一，我也因此致力於研究更為簡便有力的幾何解題方法。後來看到大家都在刪減傳統的初等幾何內容，促使我作戰略調整的思考，把關注的重點從幾何轉向三角。2006 年發表了有關重建三角的兩篇文章，得到張奠宙先生熱情的鼓勵支持。這方面的想法，就是《一線串通的初等數學》一書的主要內容。書裏面提出，初中一年級就可以學習正弦，然後以三角帶動幾何，串聯代數，用知識的縱橫聯繫驅動學生的思考，促進其學習興趣與數學素質的提高。初一學三角的方案可行嗎？寧波教育學院崔雪芳教授先吃螃蟹，做了一節課的反覆試驗。她得出的結論是可行！但是，學習內容和國家教材不一致，統考能過關嗎？做這樣的教學實驗有一定風險，需要極大的勇氣，也要有行政方面的保護支持。2012 年，在廣州市科協開展的「千師萬苗工程」支持下，經廣州海珠區教育局立項，海珠實驗中學組織了兩個班的初中全程的實驗。兩個實驗班有 105 名學生，入學分班平均成績為 62 分和 64 分，測試中有三分之二的學生不會作三角形的鈍角邊上的高，可見數學基礎屬於一般水平。實驗班由一位青年教師張東方負責備課講課。她把《一線串通的初等數學》的內容分成 5 章 92 課時，整合到人教版初中數學教材之中。整合的結果節省了 60 個課時，5 個學期內不僅講完了按課程標準 6 個學期應學的內容，還用書中的新方法從一年級下學期講正弦和正弦定理，以後陸續講了正弦和角公式，餘弦定理這些按常規屬於高中課程的內容。教師教得順利輕鬆，學生學得積極愉快。其間經歷了區裏的 3 次期末統考，張東方老師匯報的情況如下。

## 從成績看效果

期間經過三次全區期末統考。實驗班學生做題如果用了教材以外的知識，必須對所用的公式給出推導過程。在全區 80 個班級中，實驗班的成績突出，比區平均分高很多。滿分為 150 分，實驗一班有 4 位同學獲滿分，其中最差的個人成績 120 多分。

| | 實驗 1 班平均分 | 實驗 2 班平均分 | 區平均分 | 全區所有班級排名 |
|---|---|---|---|---|
| 七年級下期末 | 140 | 138 | 91 | 第一名和第八名 |
| 八年級上期末 | 136 | 133 | 87.76 | 第一名和第五名 |
| 八年級下期末 | 145 | 141 | 96.83 | 第一名和第三名 |

這樣的實驗效果是出乎我意料的。目前，廣州市教育研究院正在總結研究經驗，並組織更多的學校準備進行更大規模的教學實驗。

科普作品，以「普」為貴。科普作品中的內容若能進入基礎教育階段的教材，被社會認可為青少年普遍要學的知識，就普得不能再普了。當然，一旦成為教材，科普書也就失去了自己作為科普的意義，只是作為歷史記錄而存在。這是作者的希望，也是多年努力的目標。書中不當之處，歡迎讀者指正。

張景中

# 目錄

**序** …… i

猴子吃栗子 …… 001
交換和條件 …… 004
口令的計算 …… 006
有趣的變換 …… 009
鐘錶和星期 …… 012
在放大鏡下 …… 015
炸饅頭和桶 …… 018
雲霧和下雨 …… 020
動物的大小 …… 022
看起來簡單 …… 026
寬度和直徑 …… 028
常寬度圖形 …… 031
擴大養魚塘 …… 033
用機器證題 …… 037
聰明的鄰居 …… 041
我們來試試 …… 043
列方程求解 …… 045
其實並不難 …… 047
先想想再看 …… 050
這不算麻煩 …… 052
啤酒瓶換酒 …… 054
西瓜子換瓜 …… 056
回收破膠鞋 …… 058
字母代替數 …… 060

該怎麼辦呢？…… 063
再前進一步…… 065
猴子分桃子…… 066
動腦又動手…… 067
方法靠人找…… 069
問個為甚麼…… 071
巧用加和減…… 074
二次變一次…… 076
0 這個圈圈 …… 078
有名的怪題…… 080
你的臉在哪裏？…… 084
放在一起考慮…… 085
到處都有集合…… 087
雞和蛋的爭論…… 090
甚麼叫做雞蛋？…… 092
白馬不是馬嗎？…… 093
「是」是甚麼意思？…… 095
公孫龍的花招…… 096
你能吃水果嗎？…… 098
符號神通廣大…… 100
不能這樣回答…… 103
一種新的加法…… 105
甚麼叫做相交？…… 108
沒有來的請舉手…… 110
猜生年的遊戲…… 112
怎樣設計卡片？…… 116

怎樣分配鑰匙？…… 118
馴鹿有多少隻？…… 120
這個辦法真好…… 122
巧排詩的竅門…… 125
重視先後順序…… 128
請問甚麼是 1 ？…… 131
用尺子來運算…… 133
老伯伯買東西…… 136
能不能更多呢？…… 138
有用的二進位…… 140
用假選手湊數…… 144
怎樣拿十五點？…… 146
數學一大法寶…… 149
想一想再回答…… 151
猴兒水中撈月…… 154
到處都有映射…… 156
為甚麼算得出？…… 158
0 和 1 的寶塔…… 160
映射產生分類…… 163
一樣不一樣呢？…… 165
應用抽屜原則…… 167
伽利略的難題…… 170
康托爾的回答…… 172
怪事還多着呢…… 174
無窮集的大小…… 177
平凡中的寶藏…… 179
歷史令人神往…… 180

**附錄**

關於對「有名的怪題」一節的討論和修正…… 185

# 猴子吃栗子

有一位少年養了 2 隻猴子。

每天早晨，他給每隻猴子 4 個栗子吃，牠們十分高興地吃了。到了晚上，再給牠們 3 個，猴子就大吵大鬧起來。牠們想不通：為甚麼晚上比早晨少了一個呢？

這位愛動物的少年，當然希望猴子愉快一點，不要天天吵鬧。可他又沒有更多的栗子。於是，改為早上給 3 個，晚上給 4 個。

說也奇怪，猴子高興了。牠們發現：每天晚上，都比早晨吃到了更多的栗子。

3+4=4+3。猴子到底是猴子。牠不懂得交換律，所以早 3 晚 4 和早 4 晚 3，收到了不同的效果。

算術裏還有結合律、分配律和別的律。我們用慣了，往往認為那是理所當然的事，並不覺得「律」有甚麼寶貴，就像不覺得空氣的寶貴一樣。

想一想，要是這些律不成立，做起題來該多麻煩。你得按次序算，許多簡便的方法也沒有了。比如：

$4\times73\times25=73\times(4\times25)=7300$，

$23\times68+32\times23=23\times(68+32)=2300$。

這些簡便的方法，就是用交換律、結合律和分配律得到的。

不過，也不是甚麼運算都能交換、結合和分配的。初學代數的時候，我常在作業本上寫：

$$(a+b)^2=a^2+b^2\text{；}\sqrt{a+b}=\sqrt{a}+\sqrt{b}\text{；}$$

$$(3a)^2=3a^2\text{；}\frac{2x+1}{4}=\frac{x+1}{2}$$

那結果，是紅色的「✕」子很多。後來，逐步吸取教訓，知道了甚麼運算可以用甚麼律，「✕」子才少起來。

為甚麼不同的運算有不同的律呢？要是所有運算用一樣的律，豈不方便嗎？

偏偏不行。世界上的事是複雜的。不同的事，各有自己的特點和規律。

# 交換和條件

算術裏的交換律，在日常生活中一樣有用。不過，你也一樣不能亂用。

猴子吃栗子的故事，當然是人編出來的，並非確有其事。可是，餵豬的飼養員知道：給豬開飯的時候，要先餵粗飼料，後加精飼料，讓牠越吃越香，才能吃得飽，睡得好，長得快。交換律在這裏不成立。

還有一些事，它們的順序是根本不能交換的。先穿襪子，後穿鞋，很對。反過來，先穿鞋，後穿襪子，還像甚麼樣子呢？擰開鋼筆帽，灌上墨水，再寫字，很對。反過來，就不可能了。

也有這樣的情況：兩件事交換之後，照樣講得通，只是含意不同了。

說「小寧吃東西的時候還在看書」，馬上給人一個印象：小寧太愛學習了。你看，吃東西的時候還在看書。要注意身體，別得了胃病。

交換一下，說「小寧看書的時候還在吃東西」，這就會使人覺得他饞嘴，看書的時候還在吃零食。

體育老師喊的口令，有的時候是可以交換的，有的時候又不可以隨便交換。

要是把「向前5步走」和「向前3步走」交換一下，結果就一樣。反正總共是向前走了8步。

要是把「向前5步走」和「向後轉」交換一下，那就不同了。

先向後轉，再向前5步走，結果，和剛才的位置正好相差10步。

所以，做事、說話和做題一樣，得講究順序，不能隨便交換。

算術裏的別的律，也有類似的情況。

用水和米煮飯，用醬油、薑、蒜燒魚，然後一起吃。要是應用結合律，把米和醬油、薑、蒜放在一起煮飯，把水和魚放在一起燒魚，這怎麼做，又怎麼吃呢？

# 口令的計算

在算術裏，任何兩個數可以相加。

要是我們把兩個口令連續執行的結果，叫做這兩個口令相加所得到的和，那麼，任何兩個口令就可以相加了。相加之後，可能得到一個新口令，也可能得到一個老口令。

這「新」和「老」是甚麼意思呢？

你看：

向左轉+向後轉=向右轉；

向前1步走+向前3步走=向前4步走。

前一個式子的結果——向右轉，是一個老口令；而後一個式子的結果——向前4步走，便是一個新口令。不信去問體育老師，他從來不會叫你們「向前4步走」。體育課上的口令，是不興叫4步或者6步走的，因為最後的一步，不許落在左腳上。

不過，我們可以把思想解放一下：走4步就走4步，又有甚麼不可以的呢？好在我們這裏説的是數學，允許推廣，也允許產生新的數。

在算術裏，只要有了1，1+1=2，1+2=3……所有的正整數就都出來了。

在口令的算術裏，要產生出多種多樣的口令，只有一個口令可不夠了。

要是只有一個「向前1步走」，那就只能向前走，想轉一個彎都不行。

要是只有一個「向左轉」，那就只能原地轉來轉去，想走 1 步都不行。

不過，只要有了一個「向前 1 步走」和一個「向左轉」，便可以組成多種多樣的口令了。不信？你可以試試。

算術裏有個 0，任何數加 0，等於本數。

口令裏也可以有個 0。我們不妨把「立正」叫做 0。要是不考慮「稍息」、「向右看齊」之類的話，任何口令加上立正，都不會影響執行的結果。

在口令中，也可以有相反的口令。這好比代數裏的相反數。

3 和 −3 互為相反數。因為 $3+(-3)=0$。

向左轉的「相反數」是向右轉。因為向左轉＋向右轉＝立正＝0。

向前 5 步走的相反數是甚麼呢？難道是後退 5 步嗎？

別着急。因為向前 5 步走＋(向後轉＋向前 5 步走＋向後轉)＝0，所以向前 5 步走的相反數，便是

向後轉＋向前 5 步走＋向後轉。

這 3 個口令連在一起，效果相當於後退 5 步。

我們這樣把許多口令放在一起，就形成了只有一個運算的系統。這個運算，就是兩個口令相加——接連執行。這種只有一個代數運算的系統叫做「羣」。

研究羣的數學叫做羣論。羣論和幾何、代數、物理……關係密切，非常有用，非常重要。它是 19 世紀的法國中學生伽羅瓦創立的。

# 有趣的變換

同一件事，用不同的看法和辦法去對待，往往有不同的結果或者收穫。

我們分別用 0、1、2、3 來代表立正、向左轉、向後轉和向右轉。

那麼，把

向左轉＋向後轉＝向右轉，

向右轉＋立正＝向右轉，

表示成

$1+2=3$，

$3+0=3$，

這都是說得通的。

可是，把兩個口令連起來，為甚麼非得叫做相加不可呢？不叫相加，偏偏叫相乘，又有甚麼不可以呢？

你也許會説，那不像話。要是叫做相乘，那麼，向右轉×立正=向右轉，豈不是 $3\times0=3$。這和 0 的性質不是矛盾了嗎？多彆扭呀。

這好辦。名字是我們取的。我們不會把立正叫做 1 嗎？

對了。0 在加法中所扮演的角色，和 1 在乘法裏所扮演的角色十分相像。任何數加 0 不變，乘 1 也不變。把兩個口令連起來叫做相乘，立正便可以叫做 1。你看：

向右轉×立正=向右轉，

向左轉×立正=向左轉，

向後轉×立正=向後轉，

正好，任何數乘 1，仍然不變。

那另外 3 個口令取甚麼數做名字才恰當呢？

這也好辦。

∵　向後轉×向後轉=立正，

∴　向後轉$^2$=1。

把向後轉叫做 $-1$ 再恰當沒有了。$(-1)^2$，可不是等於 1 嘛。

這樣

∵　向左轉×向左轉=向後轉，

∴　向左轉$^2$=−1。

∵　向右轉=向後轉×向左轉，

∴　向右轉 $= -1 \times \sqrt{-1} = -\sqrt{-1}$ 。

你看，在這 4 個口令中，只要

立正=1，

我們就可以用乘法的運算規律算出：

向後轉=−1，

向左轉=$\sqrt{-1}$ ，

向右轉= $-\sqrt{-1}$ 。

真是妙得很。在這種算術裏，−1 可以開平方了。$\sqrt{-1}$ 並不是不可捉摸的「虛數」。它的含義，不過是「向左轉」罷了。

許多日常生活裏的事情，都可以設法轉化成算術問題來運算處理。用考試得的分數計算學習成績，就是一個例子。

# 鐘錶和星期

在鐘錶的算術裏：

6+6=0，

7+6=1，

3−7=8。

請你想一想，這些算式是甚麼意思呢？

因為鐘錶的 12 點就是 0 點，所以 6+6=12=0；7+6=1；3−7=8。

還可以有星期的算術。

在這種算術裏，星期一到星期六，分別用 1 到 6 代表，星期日用 0 代表。3+4=0 的意思，是星期三再過 4 天便是星期日。按照這種解釋，當然 4+5=2 了。星期四再過 5 天，可不就是星期二了。

這類算術，除了說說有趣之外，在數學裏有用處嗎？

有。用處還不小。

舉一個例子。要判斷一個正整數能不能被 9 整除，有一個簡便的方法：把這個數的各位數字相加用 9 除，要是能整除，原數也能整除；否則，原數也不能整除。

111302154 能不能被 9 整除？

1+1+1+3+0+2+1+5+4=18。

因為 9 能整除 18，所以 9 也能整除 111302154。

這裏面的道理，就可以用鐘錶算術、星期算術來說明。

隨便拿一個自然數，用 9 除，可能整除，也可能不行。不能整除的時候，可能餘 1，餘 2，直到餘 8。

所有的自然數，用 9 除餘 0 的，叫做 0 類數，用 9 除餘 1 的，叫做 1 類數，然後是 2 類數、3 類數，一直到 8 類數。

這樣，就把所有的數分成了 9 類：0，1，2，3，4，5，6，7，8，叫做以 9 為標準的 9 個同餘類。

類與類之間可以相加：

3 類數+5 類數=8 類數。

這很像通常的算術。可是，

7 類數+2 類數=0 類數，

8 類數+5 類數=4 類數。

也就是：

$7+2=0$，

$8+5=4$。

至於類之間的乘法，便有：

$3\times5=6$，

$6\times6=0$。

等等。用這種思想，很容易解釋用 9 做除數時餘數的速算問題。請你試一試。

你看，劃分同餘類，要是不以 9 為標準，而以 12 為標準，便得到鐘錶算術；以 7 為標準，便得到星期算術。

# 在放大鏡下

我比你還小的時候，很喜歡玩放大鏡。

放大鏡下面的小蟲，腿上的毛都看得一清二楚。它張牙舞爪，活像一個小妖精。

用放大鏡看自己的皮膚，用放大鏡看精緻的郵票，用放大鏡從太陽光裏取火，都有趣得很。

那時候，放大鏡不容易找到。我和小朋友找到了一些代用品：爺爺換下來的老花眼鏡片啦，壞的電燈泡灌滿了清水啦，都可以當放大鏡玩。

有一次，我們正在玩，老師走過來問道：「用放大鏡看甚麼東西放不大呢？」

這一下把我們都問住了。放大鏡還能放不大東西嗎？

等到老師宣佈角是放不大的，大家這才明白過來。你看，桌子的角是 90°，在放大鏡下面看，可不還是 90° 嘛。

這個問題你可能早已知道了。不少書上談到它。不知道你有沒有想過：在放大鏡下面，甚麼東西能夠放得特別大呢？

比如這是一個 3 倍的放大鏡。也就是說，1 厘米長的線，在適當的距離用這個放大鏡看，就像有 3 厘米那麼長。它能把甚麼東西放得比 3 倍更大呢？

請看看下面的圖：

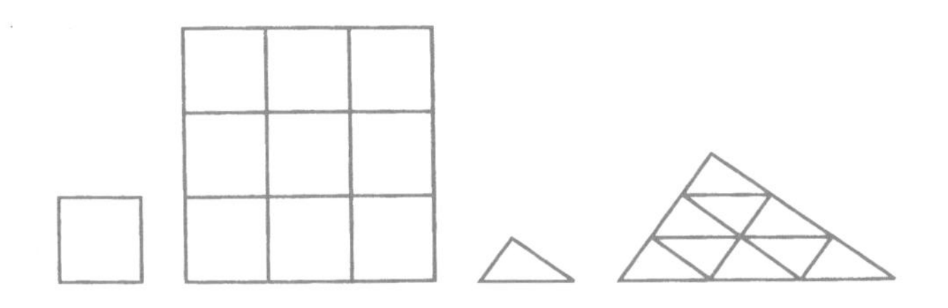

你從圖上看得出來：在 3 倍的放大鏡下面，正方形和三角形，它們的邊長放大為原來的 3 倍，面積就變成了原來的 9 倍。

還有放得更大的東西嗎？有。你看立方體的體積，這時是原來的 27 倍了：

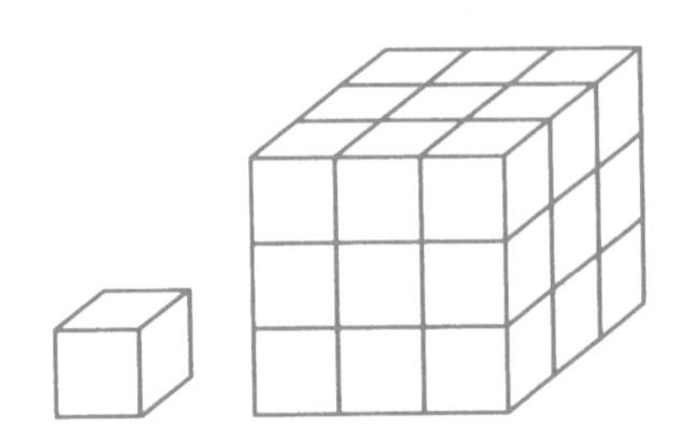

一般來說，在 $k$ 倍的放大鏡下面：

角度是原來的 1 倍，即 $k^0$ 倍；

長度是原來的 $k$ 倍，即 $k^1$ 倍；

面積是原來的 $k^2$ 倍；

體積是原來的 $k^3$ 倍。

所以，我們可以把角度、長度、面積、體積，分別叫 0 次量、一次量、二次量、三次量。

這就是 1 尺等於 10 寸，1 平方尺等於 100 平方寸，而 1 立方尺竟然是 1000 立方寸的道理了。

# 炸饅頭和桶

食堂裏有時賣油炸饅頭。

油炸饅頭比普通饅頭多用了油，所以要多收錢。1 兩一個的油炸饅頭多收 2 毫，2 兩一個的油炸饅頭多收 4 毫。這樣的定價合理嗎？

饅頭的表面積越大，用油越多，用油量與表面積成正比。問題是 2 兩一個的大饅頭，表面積是 1 兩一個的小饅頭的 2 倍嗎？

我們來算一算。大小饅頭的形狀差不多。小饅頭按比例放大 $k$ 倍便是大饅頭。按上節所講，得：

饅頭的高度放大為 $k$ 倍；

饅頭的表面積放大為 $k^2$ 倍；

饅頭的體積（以及重量）放大為 $k^3$ 倍。

現在，$k^3=2$，得 $k=\sqrt[3]{2}$，再得 $k^2=\sqrt[3]{4}$。查表，$\sqrt[3]{4}\approx 1.6$。

可見大饅頭的表面積，不是小饅頭的 2 倍，而是 1.6 倍不到一點。

算的結果，食堂多收了 4 分錢。

食堂通常採用統一平衡盈虧的辦法，這樣的定價不算是甚麼缺點。不過，我們在別的地方遇到這類問題，也許就需要精打細算了。

舉一個例子。這是一隻鐵皮水桶，它的容水量是 7 千克。現在，假設你要做一個一樣形狀的大桶，要求大桶的容水量是 14 千克，應當準備多少料呢？

根據前面的計算，大桶的鐵皮用料，應當是小桶的 $\sqrt[3]{4}$ 倍。

桶的形狀和饅頭不一樣，為甚麼也是 $\sqrt[3]{4}$ 倍呢？

我們來算算。設大桶桶口直徑是小桶的 $k$ 倍。那麼，大桶的側面積和底面積，都是小桶的 $k^2$ 倍；大桶的容積，是小桶的 $k^3$ 倍。

$$\because \quad k^3=\frac{14}{7}=2\text{，得 }k=\sqrt[3]{2}\text{，}$$

$$\therefore \quad k^2=\sqrt[3]{2}\cdot\sqrt[3]{2}=\sqrt[3]{2\cdot 2}=\sqrt[3]{4}\text{。}$$

長度、面積和體積的這種關係，叫做相似比原理。你可以用它來計算各種物體的體積和表面積，也可以用它來分析和說明許多自然現象。

# 雲霧和下雨

有的地方多霧。

霧是甚麼？要是你以為霧是水蒸氣，那就錯了。霧是水，是很小很小的水滴，是懸浮在空氣中的水滴。

霧是水滴，那為甚麼它不會掉下來呢？難道地心引力對它不起作用了嗎？

它太小了。

小，就不受地心的吸引力了麼？伽利略在比薩斜塔上做過著名的落體實驗：10 磅重的球和 1 磅重的球，不是同時落了地嘛。

地心引力對霧一樣起作用。不過，這裏面還有一層道理：空氣對運動中的物體有阻力。當物體的形狀和速度一定時，阻力和物體的表面積成正比。

物體越小，表面積越小，阻力也越小，不是仍然要落下去嘛。

你說得對。可是沒有說周全。問題就出在不周全上。

你想，小水滴所受到的地心引力，是與它的質量成正比的；而質量，又是與它的體積成正比的。所以，水滴受的重力，與它的體積成正比。可是，阻力卻與它的表面積成正比。

比如，水滴的直徑縮小成為原來 $\frac{1}{10}$ ，那它的體積便成為原來的 $\frac{1}{1000}$ ，而表面積是 $\frac{1}{100}$ 。這就是說，當空氣對小水滴的阻力變成原來的 $\frac{1}{100}$ 時，重力卻只有原來的 $\frac{1}{1000}$ 了。相比之下，等於阻力增大了 10 倍。

所以，當水滴小到一定的程度，它所受到的阻力，便能接近它所受到的重力，使自己懸浮在空中，長久不落。

同樣的道理，灰塵能在空中飛舞不落，金屬的微粒也能在水中懸浮不沉。

高空中的雲，就是隨氣流移動的水滴和冰晶。它們太小了，是掉不下來的。要是用飛機在雲中噴上某些化學製品，能説明小水滴和冰晶互相結合起來，越變越大。當水滴和冰晶的直徑增大到一定程度的時候（比如說增加到 10 倍，重力就變為 1 000 倍，而空氣阻力只增加到 100 倍），空氣的阻力終於沒有力量托住它們，它們便從天上掉了下來。這就是人工降雨。

沒有想到吧，數學上的相似比原理，居然和霧、雲以及人工降雨有關係！

# 動物的大小

陸地上最大的動物是大象。

玩具廠把大象按比例縮小，縮小到老鼠那麼大。可是，縮小到老鼠那麼大的大象，它的腿還是比老鼠的腿粗得多。

大象的腿粗得不像話，太不成比例了，這是為甚麼呢？

腿是用來支持和移動身體的。它的粗細，和體重大體上是一致的。

要是把老鼠按比例放大，當牠的高度變成原來的 100 倍，四條腿的截面只是原來的 10 000 倍，而體積卻是原來的 1 000 000 倍了。也就是腿的單位面積，要支持住的重量是原來的 100 倍。這樣，牠就無法站立起來，到處亂竄了。

同樣的道理，要是象更大，牠的腿必須更快地變粗，直到肚子下面長滿了腿。四條腿粗到擠在一起，牠也就無法活動了。

所以，陸地上最大的動物，要比海裏最大的動物小得多。海裏的藍鯨有 170 噸重，而最大的非洲象只有 6~7 噸。因為鯨在水裏，水可以負擔牠的體重。

至於能在空中飛的動物，更不可能有很大的體重。

蜜蜂的翅膀不算大，卻能夠長時間在花叢中飛來飛去。要是按比例把它的長度放大 10 倍，它的體重要增長 1 000 倍，而翅膀的面積只增長 100 倍。這樣，它就是拼命撲騰翅膀，也不能自由飛翔了。

別看黑殼子的甲蟲笨頭笨腦，因為它小，居然也能嗡嗡地亂飛。

麻雀的翅膀，在全身中所佔的比例，就比蜜蜂或者甲蟲大得多。更大的鳥，翅膀佔全身的比例還要更大。最大的飛鳥，是非洲的柯利鴇，兩翼展開有 2.5 米寬，而體重不過十幾千克。相比之下，小小的身體，要為很大的翅膀提供營養，自然是困難的。所以，飛鳥就不可能很大了。

剛才說的是大，現在反過來說小。

昆蟲可以很小。有一種叫做仙蠅的小甲蟲，10 萬隻還不到 5 克重。

在哺乳動物裏，可找不到這麼小的。最小的哺乳動物鼩鼱重約 1.5 克。為甚麼不能更小一些呢？因為哺乳動物是熱血動物，牠必須保持體溫。太小了，表面積相對的大，體積相對的小。這樣，太小的熱血動物，為了保持自己的體溫，牠就是不斷地吃呀吃，也總會感到餓。這怎麼活得了呢？

鳥類也是熱血動物，所以也不可能有太小的鳥。最小的蜂鳥約重 2 克。別看牠小，牠的胃口特別好，得不停地吃。對比之下，作為冷血動物的魚，可以很小。最小的矮鮒鰕虎魚，體重四五毫克，400 條這種魚，才抵得上一隻蜂鳥。

你看，數學上的相似比原理，它不聲不響，在一切地方起作用！

# 看起來簡單

蘋果能從樹上落到地上，為甚麼茶杯蓋子不會掉到茶杯裏去呢？

這是中國著名數學家華羅庚，在一次給中學生講演中提到的問題。

你也許馬上就會回答：這有甚麼值得一提的呢？蓋子比口大，當然掉不進去了。

確實，蓋子比口小，它一定會掉進去。不過，比口大，是不是就一定掉不進去呢？

有一種長方形的茶葉盒，它的蓋子是扁圓形的，比口大，可是一不小心，就會掉到盒子裏去。這種茶葉盒，現在很少見到了。常見的正方形的茶葉盒，它的正方形的蓋子，也會掉進去。

可見——大，並不是掉不進去的可靠根據。究竟掉不掉得進去？還得看形狀，作一點具體分析。

通常，蓋子和口的形狀是一樣的。

圓形的蓋子，只要比口大，就不會掉進去。

正方形的蓋子，比口大，就掉得進去。因為正方形的對角線，比它的邊長得多，可以把蓋子豎起來，沿對角線方向來放。

正三角形的邊比較長，高比較短，可以把蓋子沿着邊往下放，也放得進去。

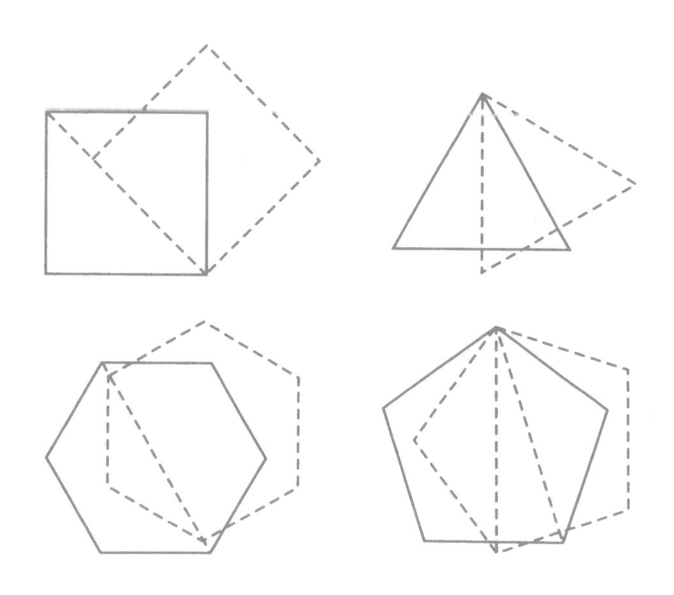

正六邊形也應當是放得進去的。它的對角線，比兩條平行邊之間的距離要長，可以沿對角線的方向放進去。

正五邊形也可以放進去。因為它的對角線，也比它的高要長。

你可以證明：任意的正多邊形蓋子，要是它比口只大一點，就有可能掉進去。

# 寬度和直徑

任意多邊形的蓋子，形狀千變萬化，好像比正多邊形難說清楚，其實也好說。

我們可以把這些蓋子，看成是從一張張長方形的鐵皮上剪下來的。這樣，我們就可以把問題轉化成鐵皮至少要多寬了。

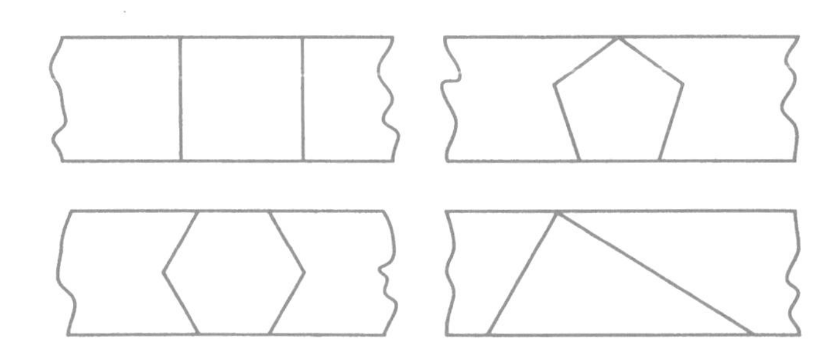

正方形的蓋子，鐵皮寬度至少是它的邊長。正五邊形和正六邊形，你也不難從圖上看出它們的寬度。對於任意三角形，鐵皮的寬度至少是它的最小的高。

總之，每一個多邊形都有它需要的鐵皮寬度。

現在，我們丟開鐵皮，設想從各個不同的角度，用兩條平行直線來夾着任意的一個多邊形。角度不同，夾着它的平行線之間的距離也不相同。當我們從某個角度來夾它時，所用的兩條平行線之間距離最小，我們就把這個最小距離，叫做這個圖形的「寬度」。

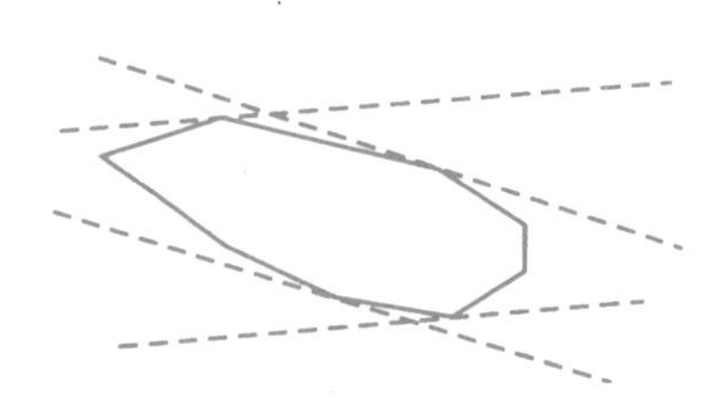

要是一個多邊形的寬度為 5 厘米，那它一定可以畫在 5 厘米寬的鐵皮上，而不能畫在更窄的鐵皮上。

圓有直徑。圓的直徑是它的最長的弦。根據這個規定，我們也可以把任意三角形的最長邊，還有任意其他多邊形的最長對角線，都叫做「直徑」。

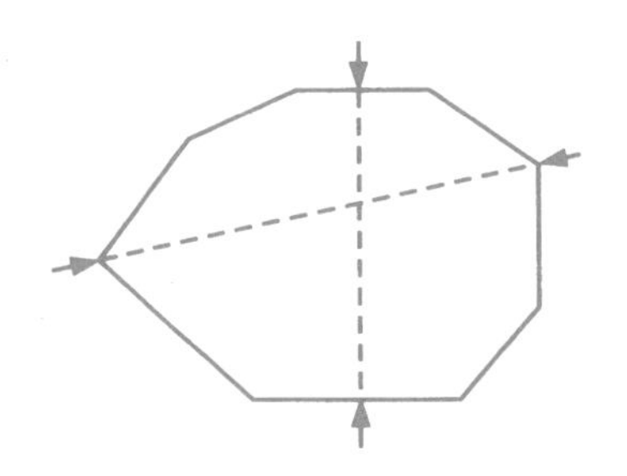

我們對任意多邊形的寬度和直徑有了認識，就可以得出結論說：要是蓋子的直徑大於寬度，那它就可能掉進盒子裏去，否則不行！這就是一般的回答。

前面，我們只討論了凸的圖形。甚麼叫凸呢？凡是圖形上任意兩點的連接線段，都落在圖形內，叫做凸的圖形。圓、三角形、正方形，都是凸的。

下面的兩個圖形，就是不凸的圖形：

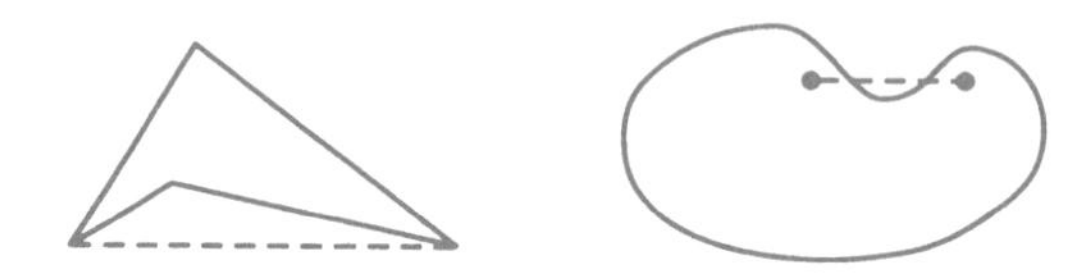

不凸的圖形，形狀又要複雜一些。請你想一想，這樣的蓋子會出現甚麼不同的情況呢？

# 常寬度圖形

圖形的寬度不可能比直徑大。

要是圖形的寬度和直徑相等，那麼，不論從甚麼方向用兩條平行線來夾它，這兩條平行線之間的距離都是一樣的。這樣的圖形，叫做常寬度圖形。

要是你想在鐵皮上剪一片常寬度圖形的鐵片，不管怎樣擺放圖形，鐵皮的寬度必須都一樣。

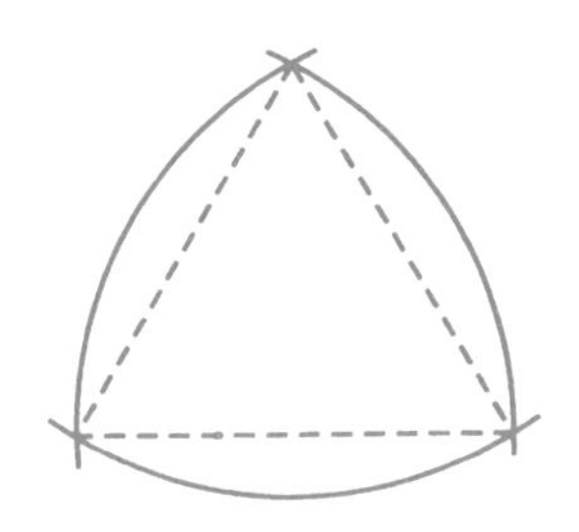

不難證明，任意多邊形都不是常寬度的。任意多邊形的蓋子，只要它是薄薄的，而且只比口大一點，就都可能掉到盒子裏去。

你也許會認為：要想蓋子不掉進去，只有用圓形了。

別忙着下結論。三角拱形的蓋子也掉不進去：

三角拱形是以正三角形的三頂點為心，以它的邊長為半徑畫三段圓弧得到的。

請你想一想，為甚麼三角拱形是常寬度的呢？

常寬度的圖形，有許多美妙的性質。不少人正在研究它。

除了圓和三角拱形之外，你還能想出別的常寬度圖形嗎？

## 思考題

1. 我們研究蓋子問題的思路是這樣的：

提出問題（為甚麼茶杯蓋子掉不進去）；

考察一些比較簡單的情況（三角形、正方形……）；

形成一般的概念（寬度和直徑）；

得到一般的結果（回答最初的問題）；

進一步提出問題（常寬度圖形）。

當你遇到一些智力遊戲、有趣的習題以及生活中的數學問題，是不是也可以按這個思路去想呢？

2. 除了三角拱之外，還有一些常寬度圖形。例如，正五角拱就是常寬度圖形。它的作法是：分別以正五角星的頂點為心，再以對角線為半徑畫弧。這樣的五段弧就拼成了一個正五角拱。它有點像圓，實際上不是圓。正七角、九角、十一角拱呢？

# 擴大養魚塘

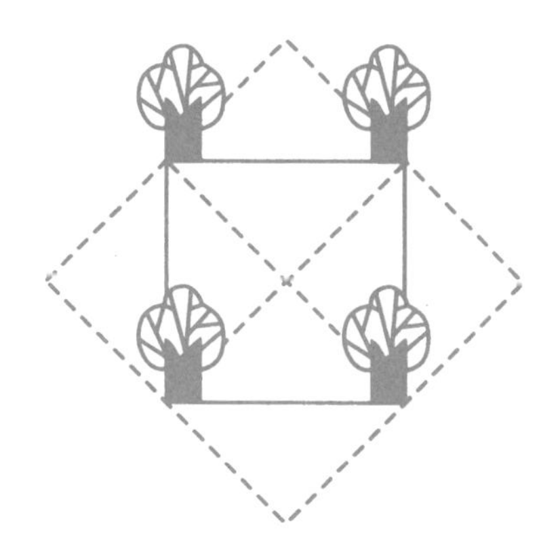

有一個正方形的養魚塘，四個角各有一棵大樹。生產隊想把塘擴大，使它成為一個面積比原來大一倍的正方形，而又不願意把樹挖掉，應當怎麼辦呢？

你一定很快就找到了答案。不過，你不應當到此為滿足。

要是要求新池塘面積比原來的 2 倍更大一點呢？

從圖上的虛線可以看出，大正方形大出來的部分比小正方形要小，差了畫有陰影的那麼一塊。這就是說，大正方形至多是小正方形的 2 倍，不可能再大一點了。

要是要求新池塘的面積是舊池塘的 $r$ 倍，$1<r<2$，應當如何設計呢？

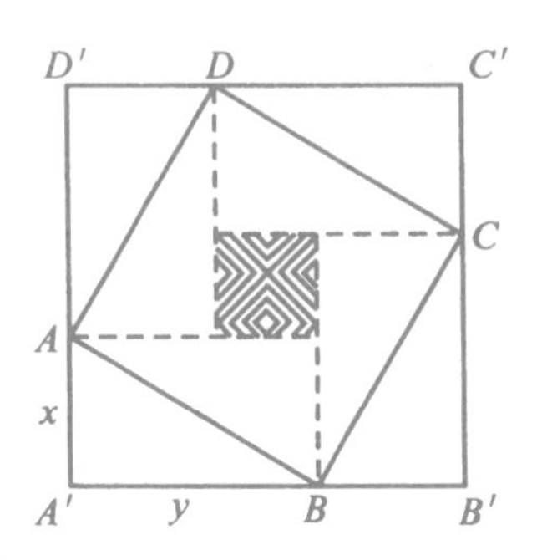


這個問題的關鍵，是找到 $A'$、$B'$、$C'$、$D'$ 4 個點，而這 4 個點的找法是類似的，只要找到一個便好了。

比如想要找到 $A'$，關鍵是定出 $x$、$y$ 的長度。這可以用勾股定理，列出方程來解。

要是把故事裏的池塘改成正三角形，三個角上各有一棵樹，不許把樹挖掉，要把池塘擴大成更大的正三角形池塘，新池塘能夠比舊池塘大多少呢？

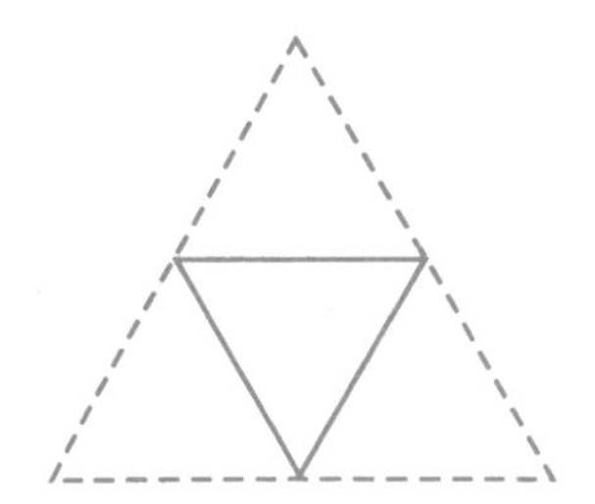

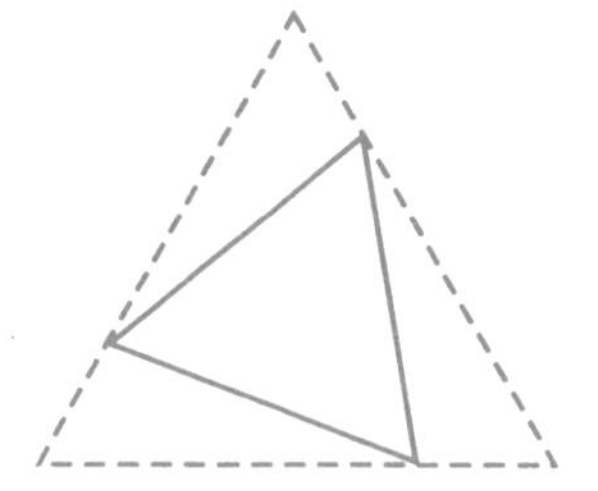

容易想到的是：新池塘可以比舊池塘大 3 倍，成為舊池塘的 4 倍。

這可以通過計算來證明：大三角形的面積，不會比小三角形的 4 倍更大。

要是把正方形池塘擴大成三角形，而且不限制三角形的形狀，這個三角形的面積能有多大呢？

可以很大很大。看看這兩個圖便知道了：

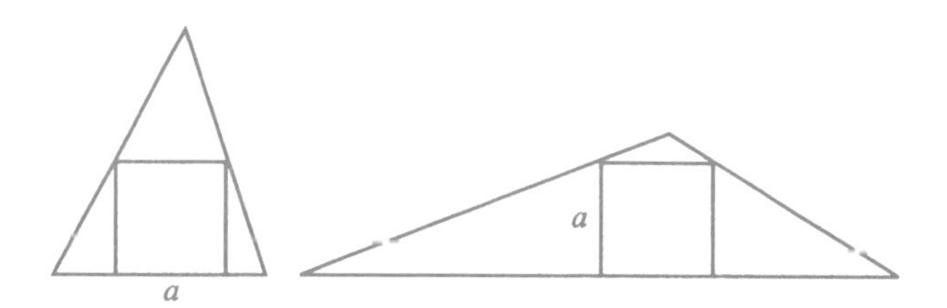


左邊的三角形，底大於 $a$，而高可以很大很大；右邊的三角形高大於 $a$，而底可以很長很長。所以，它們的面積可以很大很大。

有趣的是：這時候想要三角形池塘面積不太大，反倒辦不到了。

照這樣繼續想下去，最容易想到的問題是：池塘本來是正 $n$ 邊形的，每個角上各有一棵樹，不許把樹挖掉，把池塘擴大成新的正 $n$ 邊形池塘，那麼，新池塘的面積最多是舊池塘的多少倍呢？

$n=5$，$n=6$ 的情形如下圖：

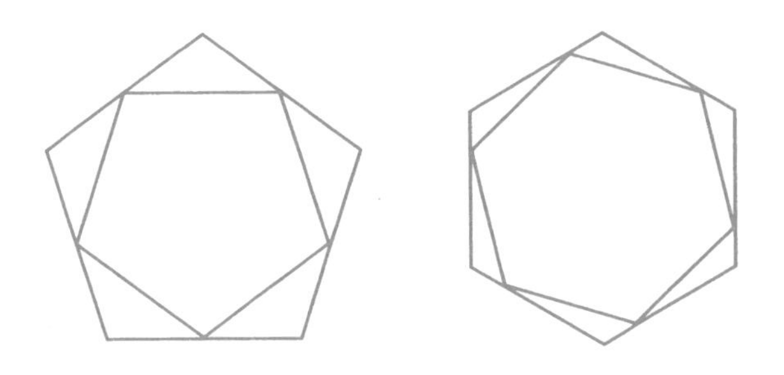

你看看，我們從一個簡單的問題出發，通過類比和推廣，引出了一串問題！在數學的花園裏，常常有這樣的小徑，沿着它走向密林深處，說不定會看到另外的一番天地，那裏也是一片萬紫千紅哩。

## 思考題

1. 在正方形內放一個正三角形，這個正三角形的面積最大是多少？這是 1978 年全國中學生數學競賽第二試的最末一個題。

2. 在正方形內任取 9 個點，求證：其中必有 3 個點，所成的三角形的面積，不超過正方形面積的 $\frac{1}{8}$。

這個題，曾在 20 世紀 60 年代被選為北京市的中學生數學競賽題；後來，中國科技大學又用它作過少年班的招生測驗題。這個題有點唬人，其實不難。

把正方形等分成 4 個小正方形，一定有 3 個點同在一個小正方形裏；而這 3 個點構成的三角形，它的面積不會超過小正方形的一半，就是不超過原正方形的 $\frac{1}{8}$。

報考少年班的多數同學，都把這個題做出來了。其中的一位，後來證明了：把 9 個點減少到 8 個點和 7 個點，也可以得到同樣的結果。再減少到 6 個點呢？他沒有找到答案。實際上，6 個點也對。

要是再問「5 個點呢？」答案是「不行了」。這就是說：在邊長為 1 的正方形內，可以找到這樣 5 個點，它們構成的 10 個三角形，每一個的面積都大於 $\frac{1}{8}$！

# 用機器證題

初中同學中的「數學迷」，誰不喜歡幾何哩。

幾何證題，變化萬千。看起來似乎難於下手的一個題，只要在圖上添上適當的輔助線，往往便雲開霧散，妙趣橫生。

正因為幾何證題變化萬千，也就不好做。難就難在看不出一般的規律。

例如，已知在 $\Delta ABC$ 中，$AB=AC$，求證 $\angle B$、$\angle C$ 的平分線 $BD=CE$。這只要證明 $\Delta DBC \cong \Delta ECB$，問題便迎刃而解。可是，把已知和求證交換一下，這一換，問題就難多了。

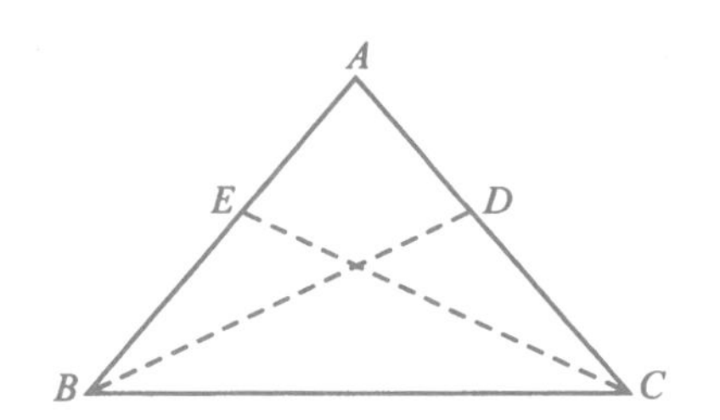


百多年前，德國數學家雷米歐司，公開提出了這個問題。他說：幾何題在沒有證明出來之前，很難說它是難還是容易。等腰三角形兩底角的分角線相等，初中學生都會證。可是反過來，已知三角形的兩條分角線相等，要證它是等腰三角形，可就不好證了。

後來，德國著名數學家史坦納解決了這個問題，使它成為一個定理，叫做史坦納—雷米歐司定理。

數學家史坦納

經過名人一做，這個問題也就出了名。有一個數學期刊，還曾經公開徵求這條定理的證明，收到了形形色色的證法：經過挑選和整理，得到了 60 多種證法，編印成了一本書。

到了 20 世紀 60 年代，有人用添圓弧的辦法，得到了一個十分簡單的證法 *。從雷米歐司提出問題，到找到這個簡單的證明，竟用了 100 年之久；而且，人們找到了 60 多個證明，偏偏沒有發現這個簡單的證明。可見幾何證題的變化，實在是太多了。

幾何證題既然這麼千變萬化，人們自然會想：能不能找到一個固定的方法，不管甚麼幾何題到手，都可以用這個方法一步一步地做下去，最後，或者證明它，或者否定它呢？

19 世紀和 20 世紀的大數學家希爾伯特證明：有一類幾何命題，可以用一種統一的方法，一步一步地得到最後解答。後來，數學家塔斯基證明：所有的初等幾何命題，都可以用機械方法找到解答。可是，他的方法太複雜了，就是用高速電子計算機，也只能證明一些很平常的定理。

數學家塔斯基

中國著名數學家吳文俊，提出了用機器證明幾何定理的方法。他用到了中國古代的數學思想和方法。用這個方法，可以在計算機上證明許多相當複雜的定理，還能證明許多微分幾何的定理。

用機器證明幾何定理，主要的思路是用座標方法，把幾何問題轉化成代數問題來解決。要是你有志將來研究這方面的問題，從現在起，就應該學好幾何、代數和解析幾何的基礎知識。

數學家吳文俊

---

＊思路如下：

用反證法。若 $\beta > \alpha$，過 $B$、$E$、$C$ 作圓弧，交點 $P$ 一定在 $OD$ 內（因 $\angle PCE=\alpha$）。

於是 $\angle PCB=\angle PCE+\beta > 2\alpha$，

$\therefore PB > CE=BD > PB$，矛盾。（題設兩分角線相等）

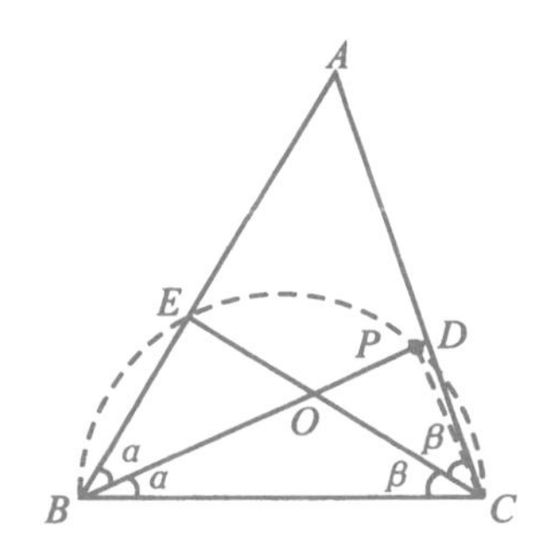

# 聰明的鄰居

你看過「兒子分羊」的故事嗎？

這個故事是在阿拉伯民間開始流傳的。後來，它傳到了世界各國，一次又一次地被編到各種讀物中。

故事是這樣的：從前有個農民，他有 17 隻羊。臨終前，他囑咐把羊分給 3 個兒子。他說：大兒子分一半，二兒子分$\frac{1}{3}$，小兒子分$\frac{1}{9}$，但是不許把羊殺死或者賣掉。3 個兒子沒有辦法分，就去請教鄰居。聰明的鄰居帶了 1 隻羊來給他們，羊就有 18 隻了。於是，大兒子分$\frac{1}{2}$，得 9 隻；二兒子分$\frac{1}{3}$，得 6 隻；小兒子分$\frac{1}{9}$，得 2 隻。3 個人共分去 17 隻，剩下的 1 隻，由鄰居帶了回去。

這個故事，構思巧妙，情節有趣，已經在全世界廣泛流傳千年之久了。

在流傳中，人們有時把其中的數改變了，故事照樣講得通。我小的時候，就聽到過類似的故事：農民不是有 17 隻羊，而是有 11 匹馬；他給 3 個兒子規定的分配方案是$\frac{1}{2}$、$\frac{1}{4}$和$\frac{1}{6}$。

鄰居牽來了 1 匹馬之後，一共是 12 匹。於是，大兒子分到 6 匹，二兒子分到 3 匹，小兒子分到 2 匹。剩下的 1 匹，仍然可以還給鄰居。

有沒有不這麼湊巧的情況呢？

# 我們來試試

模仿是學習的開始。

現在，讓我們來改動一下這個故事裏的數，看看結果會怎樣呢？

假設農民還是有 17 隻羊，還是給 3 個兒子分，還是大兒子分 $\frac{1}{2}$，二兒子分 $\frac{1}{3}$，只是小兒子不是分 $\frac{1}{9}$，而是分 $\frac{1}{6}$ 了。要是我學習故事中的鄰居，牽了 1 隻羊送去，結果呢？

結果是大兒子得 9 隻，二兒子得 6 隻，小兒子得 3 隻。18 隻羊給分光了，我損失了 1 隻羊。

會不會發生相反的情況呢？會的。

假設農民對 17 隻羊的分配方案是：大兒子 $\frac{1}{3}$，二兒子 $\frac{1}{6}$，小兒子 $\frac{1}{9}$。要是你送 1 隻羊去，大兒子的 $\frac{1}{3}$ 是 6 隻，二兒子的 $\frac{1}{6}$ 是 3 隻，小兒子的 $\frac{1}{9}$ 是 2 隻。這時，18 隻羊還剩下 7 隻。你要牽走這 7 隻羊，一定會發生一場糾紛。

可見，想要充當故事裏的聰明角色，並不是那麼容易的。模仿也得動腦筋，要先弄清道理，再精打細算，才能避免失敗，免得叫人哭笑不得。

要是你忘記了農民有多少隻羊，也記不清分配方案，又想向別人講這個故事，應當怎樣把這些失去了的數找回來呢？

# 列方程求解

你想到列方程了。這個辦法好。

要列方程，得先把問題的數學意思，一條一條地弄清楚：

一、農民有 $n$ 隻羊。$n$ 是未知的正整數。

二、農民要求大兒子分 $\frac{1}{x}$，二兒子分 $\frac{1}{y}$，小兒子分 $\frac{1}{z}$。$x$、$y$、$z$ 也是 3 個未知的正整數。在這 3 個未知數中，因為 $1 > \frac{1}{x} > \frac{1}{y} > \frac{1}{z}$，所以 $1 < x < y < z$。（要是 $x=1$，那大兒子一個人就會把所有的羊分走。）

三、牽來 1 隻羊之後，羊就能夠分配了。這就是說，$x$、$y$、$z$ 都能整除 $n+1$。

四、3 個兒子分過之後，還剩下 1 隻羊。

根據這些條件，我們就可以來找等量關係，把方程列出來。

大兒子分了多少羊呢？分了 $n+1$ 的 $x$ 分之一，即 $\frac{n+1}{x}$。同樣，二兒子和小兒子分別分到了 $\frac{n+1}{y}$、$\frac{n+1}{z}$。3 個兒子共分了多少羊呢？當然是 $n$ 隻羊。

這樣，我們就列出了方程：

$$\frac{n+1}{x} + \frac{n+1}{y} + \frac{n+1}{z} = n$$ 。

兩邊用 $n+1$ 除，得到

$$\frac{1}{x} + \frac{1}{y} + \frac{1}{z} = \frac{n}{n+1} = 1 - \frac{1}{n+1}$$ 。

移項，得到

$$\frac{1}{x}+\frac{1}{y}+\frac{1}{z}+\frac{1}{n+1}=1 。$$

換個符號，設 $n+1=w$，得到

$$\frac{1}{x}+\frac{1}{y}+\frac{1}{z}+\frac{1}{w}=1 。$$

這裏，$x$、$y$、$z$、$w$ 都必須是正整數，而且還得滿足兩個條件：

一個是 $1<x<y<z\leq w$，

一個是 $x$、$y$、$z$ 都要能整除 $w$。

方程到手了。

這個方程，含有 4 個未知數，附加兩個條件，是甚麼方程呀？

這種未知數個數比等式個數多的方程，叫做不定方程。不定方程常常帶一些附加條件，作為求解的根據。

根據這個不定方程和它的兩個附加條件，就是要找出 4 個正整數，它們的倒數湊起來恰巧是 1；而且其中有一個 ($w$)，是另外三個 ($x$、$y$、$z$) 的整倍數。

這樣的方程好解嗎？

# 其實並不難

看來似乎無法下手的問題，想清楚了，原來解題的思路很簡單。

我們知道，報名參加跑 100 米的同學很多，舉辦單位就可以採用初賽、複賽的辦法，來選拔優勝者。

解方程 $$\frac{1}{x}+\frac{1}{y}+\frac{1}{z}+\frac{1}{w}=1$$

也可以用這種方法。這就是先根據一部分條件，選出符合要求的；然後，再根據其他條件，淘汰不符合要求的，留下符合要求的。這樣一步一步地選拔，最後就可以把 $x$、$y$、$z$、$w$ 的值，全部求出來。這是解不定方程常用的方法。

好。我們分兩步走，先找出那些使等式成立的正整數 $x$、$y$、$z$、$w$；然後，從中間再選，把那些滿 $x$、$y$、$z$ 整除 $w$ 的找出來。

你看，$x$ 是大於 1 的正整數，它最小是 2。最小是 2，那最大是多少呢？$x$ 越大，$\frac{1}{x}$ 就越小。因為 $y$、$z$、$w$ 都比 $x$ 大，所以 $\frac{1}{y}$、$\frac{1}{z}$、$\frac{1}{w}$ 都比 $\frac{1}{x}$ 小。不過，它們又不能太小，太小了，加起來就湊不夠 1 了。一琢磨，$\frac{1}{x}$ 不能比 $\frac{1}{3}$ 更小，也就是 $x$ 不能大於 3。

為甚麼呢？

$$\because \quad x < y < z \le w,$$

$$\because \quad \frac{1}{x}+\frac{1}{y}+\frac{1}{z}+\frac{1}{w}=1,$$

$$\therefore \quad \frac{1}{x}+\frac{1}{x}+\frac{1}{x}+\frac{1}{x}>\frac{1}{x}+\frac{1}{y}+\frac{1}{z}+\frac{1}{w}=1,$$

$$\therefore \quad \frac{4}{x}>1,\text{即 } x<4。$$

這樣，$x$ 不是 2，就是 3 了。也就是說，想要故事講得通，大兒子必須分到 $\frac{1}{2}$ 或者 $\frac{1}{3}$，不能再少了。

$x$ 定下來，就只有 3 個未知數了。

設 $x=2$，代入 $\frac{1}{x}+\frac{1}{y}+\frac{1}{z}+\frac{1}{w}=1$，

得 $\frac{1}{y}+\frac{1}{z}+\frac{1}{w}=\frac{1}{2}$。

根據剛才 $\frac{1}{x}$ 不能太小的道理，$\frac{1}{y}$ 也不能太小。

$$\because \quad y < z \le w,$$

$$\because \quad \frac{1}{y}+\frac{1}{z}+\frac{1}{w}=\frac{1}{2}$$

$$\therefore \quad \frac{1}{y}<\frac{1}{2},\ \frac{3}{y}>\frac{1}{2},$$

$$\therefore \quad 2<y<6,\text{即 } y=3、4、5。$$

這樣，當大兒子分 $\frac{1}{2}$ 時，二兒子只能分 $\frac{1}{3}$，或者 $\frac{1}{4}$ 、 $\frac{1}{5}$，不能再少了。

設 $x=3$，得 $\frac{1}{y}+\frac{1}{z}+\frac{1}{w}=\frac{2}{3}$。

根據同樣的道理，得

$$\frac{3}{2} < y < \frac{9}{2}，即 y=2、3、4。$$

$y=2$、3，就小於或者等於 $x$ 了，不合題意，去掉，得 $y=4$。

按照這種辦法，我們便可以一步一步，把各種可能的分配方案都找出來。

# 先想想再看

要是你已經求出全部的解，就不必再看這一節了。

這個不定方程有 7 組解。

找尋這些解的方法，可以用一棵「推理樹」表示出來。樹根就是 $1<x<4$，樹枝就是各種可能（見下頁）。

樹上 5 個虛線所指，或者因為 $y=z$，或者因為 $w$ 不是整數，或者因為 $z$ 不能整除 $w$，都不合題意，應該去掉。這樣，我們就把這個故事的 7 種講法，全部找出來了：

| 講法 | $x$ | $y$ | $z$ | $n$ |
|---|---|---|---|---|
| ① | 2 | 3 | 7 | 41 |
| ② | 2 | 3 | 8 | 23 |
| ③ | 2 | 3 | 9 | 17 |
| ④ | 2 | 3 | 12 | 11 |
| ⑤ | 2 | 4 | 5 | 19 |
| ⑥ | 2 | 4 | 6 | 11 |
| ⑦ | 2 | 4 | 8 | 7 |

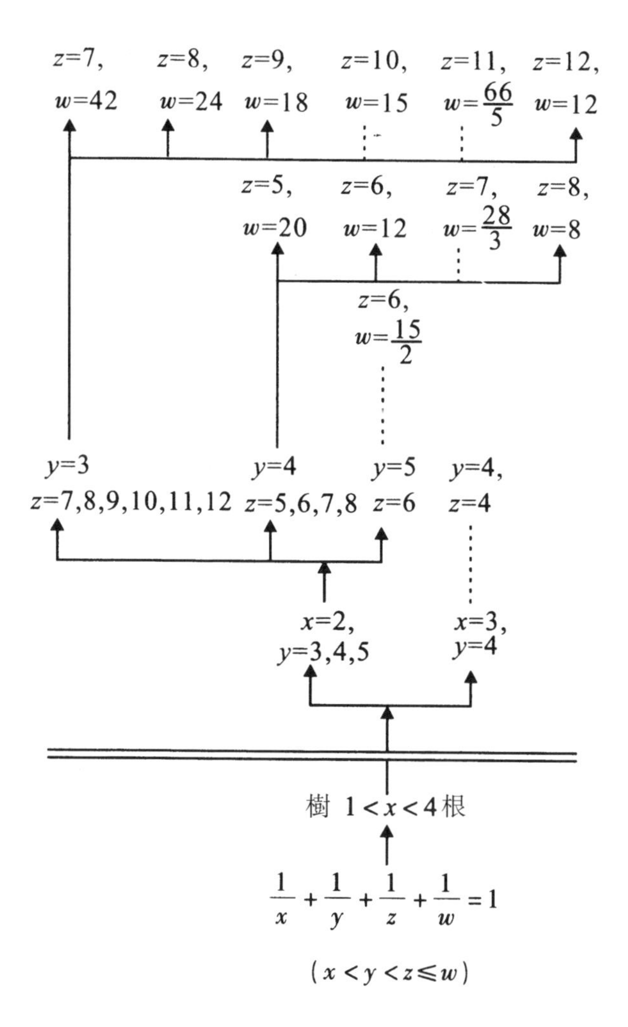


推理樹簡捷可靠，一目了然，所以有人又把它叫做「智慧樹」。

# 這不算麻煩

你可能覺得這個題目太麻煩了。一個簡單的智力遊戲，要把它弄清楚，竟有這麼多的歪拐曲折。

其實，這算不了甚麼。很多數學問題，比它要麻煩得多。

前面提到的中國數學家吳文俊，在一篇論文中提出了用機器證明幾何題的方法。文章中用到了一個平面幾何定理作為例題，光是這一個例題，他就演算了一個月之久。

1903年，在紐約的一次科學報告會上，數學家科爾做了一次不說話的報告。他在黑板上算出了$2^{67}-1$，又算出了$193707721\times761838257287$，兩個結果相同。他一聲不吭地回到了座位上，全場響起了熱烈的掌聲。原來，他這就回答了一個200多年來沒有弄清楚的問題：$2^{67}-1$是不是素數？他的演算證明了$2^{67}-1$是一個合數。這個幾分鐘的無聲報告，是他花了3年中的全部星期天得到的。

至於陳景潤，為了研究哥德巴赫猜想，寫了一麻袋一麻袋的草稿，這是我們早已知道的了。

所以，你碰到複雜的數學題，既要巧妙構思，尋找簡捷的方法；又要步步為營，不怕反覆計算。許多簡捷的方法，就是人們經過大量的反覆計算之後，才總結出來的。

## 思考題

假設故事中的農民有4個兒子，類似的問題該怎麼解？要是鄰居牽來2隻羊，又該怎麼辦？

# 啤酒瓶換酒

兒子分羊的故事雖然有趣，但是在數學上，它並不合理。因為那位農民本來是要大兒子分 17 隻羊的 $\frac{1}{2}$，而不是 18 隻羊的 $\frac{1}{2}$。另外，3 個兒子分 $\frac{1}{2}$、$\frac{1}{3}$ 和 $\frac{1}{9}$，即使分的不是羊，而是別的東西，或者是錢，也不行。你看：

$$\frac{1}{2}+\frac{1}{3}+\frac{1}{9}=\frac{17}{18}。$$

可見 3 個兒子分完之後，總會剩下 $\frac{1}{18}$。

這 $\frac{1}{18}$ 給誰呢？那位農民沒有交代清楚。不知道是不是他臨終時頭腦不夠清楚，沒有安排好呢？

這是個智力遊戲，不算真正的數學。

不過，那位聰明的鄰居先送去 1 隻羊，後來又牽回去 1 隻羊，這一借一還的妙法，對我們解決一些真正的數學問題，倒是很有啟發和幫助的。

你看這個問題。某啤酒廠為了回收酒瓶，規定 3 個空瓶換 1 瓶酒。一個人買了 10 瓶酒，喝完之後，又拿空瓶換酒，問他一共可以再換到多少瓶的酒？

這個問題好解決。10 個空瓶換回 3 瓶酒，還剩 1 個空瓶；喝完後，手裏有 4 個空瓶，拿 3 個又換 1 瓶酒；喝完後，手裏有 2 個空瓶。要是你以為用空瓶只能換回 4 瓶的酒，那就錯了。

正確的答案是：他可以換回 5 瓶的酒。因為他只要找朋友借一個空瓶，湊夠 3 個，換回 1 瓶酒；把酒喝掉，再把空瓶還給人家。

所以，他買了 10 瓶酒，喝到了 15 瓶的酒。

再多借瓶子行不行呢？不行。為甚麼呢？原來這一借一還是有數學根據的：

∵　3 個空瓶=1 瓶酒，

∵　1 瓶酒=1 個空瓶+1 瓶的酒，

∴　3 個空瓶=1 個空瓶+1 瓶的酒，

∴　2 個空瓶=1 瓶的酒。

你看，10 個空瓶，本來就應當換回不帶瓶的 5 瓶酒。借個瓶子，一方面是為了合乎啤酒廠的規定；另一方面，也是說明問題的一個方法。

# 西瓜子換瓜

類似這樣的問題是很多的。

在富饒美麗的新疆，那裏盛產甜美可口的瓜果。有一種西瓜，叫做小子瓜，瓜子小得像麥粒，瓜甜得像放了蜜一樣。為了大力發展這種優良品種，種瓜的單位決定回收瓜子，貼出了佈告：

好消息

交回 1 斤瓜子，免費給 30 斤瓜，吃瓜請留子！

假設 10 斤瓜可以出 1 両瓜子，那麼，買回 100 斤瓜，吃瓜留子，以子換瓜，反覆地換，總共可以吃到多少斤瓜呢？

我們來算一算看。10 斤瓜出 1 両瓜子，按規定，可以換回 3 斤瓜。所以每斤瓜的瓜子，可換瓜 0.3 斤。

100 斤瓜的瓜子，可換瓜 30 斤；

30 斤瓜的瓜子，又換回瓜 $0.3\times30=9$（斤）；

9 斤瓜的瓜子，又換回瓜 $0.3\times9=2.7$（斤）；

2.7斤瓜的瓜子，又換回瓜$0.3\times2.7=0.81$（斤）；

……

我們要算的，就是這樣沒完沒了的一串數的和：

$$100+0.3\times100+(0.3)^2\times100+(0.3)^3\times100+\ldots=100(1+0.3+0.3^2+0.3^3+\ldots)$$

怎樣把這一串沒完沒了的數加起來呢？

買瓜的顧客開動腦筋，想出了一個巧妙的辦法，不但知道了買 100 斤瓜，實際上可以吃到多少瓜，而且當時就把瓜拿到手了。他說：

「老闆，請記下賬，多給我們一些瓜。多給的瓜，我們明天把瓜子送來抵償。」

「應當多給多少呢？」

「再給我們 43 斤正好。」

「為甚麼呢？」

「143 斤瓜，可以出瓜子 1.43 斤。每斤瓜子換 30 斤瓜，1.43 斤瓜子，換 $1.43\times30=42.9$ 斤瓜。四捨五入，不是正好 43 斤嘛。」

「好。這是預支的 43 斤瓜。記住，吃完瓜把 1.43 斤瓜子送來。」

一場交易成功，雙方滿意。這多給的 43 斤瓜是怎樣算出來的呢？其實不過是解一個簡單的方程：

設應當多給 $x$ 斤瓜。那麼，

$\because$ $(100+x)$ 斤瓜的瓜子可換回 $x$ 斤瓜，

$\therefore$ $0.3\times(100+x)=x$。

$\therefore$ $x=\dfrac{300}{7}=42.857\ldots\approx43$（斤）。

# 回收破膠鞋

西瓜子換瓜，多一點少一點，問題不大。實際上，10斤瓜，也很難說準出1兩瓜子。不過，還有一些類似的問題卻很重要，需要合情合理，一五一十，把它們算清楚。

舉個例子。我們穿破了的膠鞋，可以賣給廢品收購站，轉工廠做再生橡膠鞋。假設一批膠鞋用1噸橡膠，充分回收破膠鞋後，可得到再生橡膠0.4噸，那麼，反覆回收，1噸能頂幾噸用呢？

回收橡膠不像回收瓜子。西瓜很快就可以吃完，膠鞋賣出去之後，要幾年才能回到廢品站，最好不要作無限次回收的打算。回收10次得幾十年。計劃要穩妥一點，假定回收5次好了。

按1噸回收0.4噸來算，5次反覆回收，共得：

$(0.4+0.4^2+0.4^3+0.4^4+0.4^5)$ 噸。

算這樣的數，你也可以請方程來幫忙。

設 $0.4+0.4^2+0.4^3+0.4^4+0.4^5=x$，

得 $1+0.4+0.4^2+0.4^3+0.4^4=\frac{x}{0.4}$。

再得 $0.4+0.4^2+0.4^3+0.4^4=\frac{x}{0.4}-1$。

$\because\ 0.4+0.4^2+0.4^3+0.4^4=x-0.4^5$，

$\therefore\ x-0.4^5=\dfrac{x}{0.4}-1$。

解得 $x=0.4\cdot\dfrac{1-0.4^5}{1-0.4}\approx 0.66$（噸）。

你看，只要回收 5 次，1 噸橡膠就頂 1.66 噸用，效果不小。

# 字母代替數

喜歡數學的人，老是愛把一個問題中的具體數換成字母。代數代數，可不就是用字母代替數嘛。

為甚麼要這樣呢？因為只有把那些可以代替任何數，而又不限於代替某個數的字母擺出來，才算是找到了公式或者規律。

你說「長為 2、寬為 3 的長方形面積為 6」，這不叫公式。要是你說「長為 $a$、寬為 $b$ 的長方形，它的面積 $S=ab$」，這就建立了一個公式。

你說「2+3和3+2是一樣的」，人家聽了好笑。要是你說「$a+b=b+a$」，這可就是加法交換律了。

數與字母的關係，是個別與一般的關係。

你說「我昨天晚上刷了牙」，別人不會以為你有良好的衛生習慣。要是你說「我每天晚上刷牙」，那就完全不同了。

你有志學好數學，用好數學，那麼，這種把數換成字母的本領，是斷斷不可少的。

剛才我們算出來的那個等式：

$$0.4+0.4^2+0.4^3=0.4^4+0.4^5=x=0.4\cdot\frac{1-0.4^5}{1-0.4}$$ 要是把其中所有的 0.4，都換成字母 $a$，就得到：

$$a+a^2+a^3+a^4+a^5=a\cdot\frac{1-a^5}{1-a}$$。

這個等式的兩邊都有因數 $a$，約掉它，得到一個公式：

$$1+a+a^2+a^3+a^4=\frac{1-a^5}{1-a}。$$

這個公式對不對呢？你可得檢驗一下才好。因為把數換成字母，和把字母換成數是不一樣的。

一個用字母表示的公式或者恒等式，把字母換成合乎要求的數，它總是對的。可是，把兩邊同樣的數換成同樣的字母，就不一定對的。比如：

$$3+2=7-2$$

是個恒等式。把兩邊的 2 換成 $b$，得到的

$$3+b=7-b$$

就不再是恒等式了。

## 該怎麼辦呢？

我們剛才用字母換出來的等式

$$1+a+a^2+a^3+a^4=\frac{1-a^5}{1-a}$$

究竟對不對，有兩個檢查的方法：

一個方法是「順藤摸瓜」，在最早的式子中，就用 $a$ 代替 0.4；然後依樣畫葫蘆地推，要是能推出同樣的結果來，那當然就對了。

你看，我們原來是從設

$0.4+0.4^2+0.4^3+0.4^4+0.4^5=x$

開始的。現在，就設

$a+a^2+a^3+a^4+a^5=x$，

然後一步一步地照推不誤：

兩邊除 $a$，得 $1+a+a^2+a^2+a^4=\frac{x}{a}$，

移項，得 $a+a^2+a^3+a^4=\frac{x}{a}-1$，

根據所設，得 $x-a^5=\frac{x}{a}-1$，

所以 $x-\frac{x}{a}=a^5-1$。

只要 $a\neq1$，可以解出 $x=a\cdot\frac{a^5-1}{a-1}$，

也就是$a+a^2+a^3+a^4+a^5=a\cdot\frac{1-a^5}{1-a}$。

另一個方法是「不糾纏老賬」，直接驗算等式的兩邊是不是一回事。在等式

$1+a+a^2+a^3+a^4=a\cdot\frac{1-a^5}{1-a}$中有分式，比較討厭，化成整式來檢查，看是不是有

$(1-a)(1+a+a^2+a^3+a^4)=1-a^5$。

果然：

$(1-a)(1+a+a^2+a^3+a^4)$

$=1+a+a^2+a^3+a^4-a-a^2-a^3-a^4-a^5$

$=1-a^5$。

這種辦法比較乾脆。可是，你要先找到了等式，然後才能驗證。怎麼找等式？那你還得要用頭一個方法。

# 再前進一步

可不可以把這個恆等式中的 $a^4$ 的 4 和 $a^5$ 的 5，也換成字母呢？可以。

你自己細心算一算，便會發現，果然有：

$(1-a)(1+a+a^2+a^3+a^4+a^5)=1-a^6$，

$(1-a)(1+a+a^2+a^3)=1-a^4$，

…………

總之，對一切自然數 $n$，有

$(1-a)(1+a+a^2+\ldots+a^n)=1-a^{n+1}$。

當 $n$ 是 2 和 3 時，便得到了你熟悉的因式分解公式：

$(1-a)(1+a)=1-a^2$，

$(1-a)(1+a+a^2)=1-a^3$。

以後，當你做完一個題目的時候，不妨進一步想想：題目中的一些數，要是能換成字母，又能得到甚麼結論呢？這樣，你做了一個題目之後，便會做一堆類似的題目了！

# 猴子分桃子

這裏有一大堆桃子。這是 5 隻猴子的公共財產。牠們要平均分配。

第一隻猴子來了。牠左等右等，別的猴子都不來，便動手把桃子均分成 5 堆，還剩了 1 個。牠覺得自己辛苦了，當之無愧地把這 1 個無法分配的桃子吃掉，只拿走了 5 堆中的 1 堆。

第二隻猴子來了。牠不知道剛才發生的情況，又把桃子均分成 5 堆，還是多了 1 個。牠吃了這 1 個，拿 1 堆走了。

以後，每隻猴子來了，都是如此辦理。

請問：原來至少有多少桃子？最後至少剩多少桃子？

據說，這個問題是由物理學家狄拉克提出來的。1979 年春天，美籍物理學家李政道，在和中國科學技術大學少年班同學座談時，也向他們提出過這個題目。當時，誰也沒有能夠當場作出回答，可見這個題目有點難。

知難而進。你能解這個題目嗎？

# 動腦又動手

做數學題目，光憑腦子想，是不容易找到方法和得到結果的。

好。我們一起來動手寫寫算算吧。

設原有桃 $x$ 個，最後剩下 $y$ 個。那麼，每一隻猴子連吃帶拿，得到了多少桃子呢？

第一隻猴子吃了 1 個，又拿走了 $(x-1)$ 個的 $\frac{1}{5}$，一共得到 $\frac{1}{5}(x-1)+1$ 個。牠走了，這裏留下的桃子還有 $x-\left[\frac{1}{5}(x-1)+1\right]$ 個，也就是 $\frac{4}{5}(x-1)$ 個。

第二隻猴子連吃帶拿，得到了 $\frac{1}{5}\left[\frac{4}{5}(x-1)-1\right]+1$ 個桃子。

當第三隻猴子來到時，這裏還有 $\frac{4}{5}\left[\frac{4}{5}(x-1)-1\right]$，也就是又從原數中減 1 乘 $\frac{4}{5}$。

現在，我們找到解題的思路了：每來一隻猴子，桃子的數目就來個變化——減 1 乘 $\frac{4}{5}$。當第五隻猴子來過後，我們已對 $x$ 進行 5 次這樣的減 1 乘 $\frac{4}{5}$ 了。

注意：在寫的時候，每減 1 之後，要添個括弧，再乘 $\frac{4}{5}$。這樣 5 次之後，便得到了 $y$。所以，

$$y=\frac{4}{5}\left\{\frac{4}{5}\left[\frac{4}{5}\left[\frac{4}{5}\left[\frac{4}{5}(x-1)-1\right]-1\right]-1\right]-1\right\}。$$

這一堆符號，可真叫人眼花繚亂。要是你耐着性子，一步一步整理，應當得到 $y=\frac{1024}{3125}(x+4)-4$ 這樣的一個等式，也就是

$$y+4=\frac{1024}{3125}(x+4)=\frac{4^5}{5^5}(x+4)。$$

從這個式子裏，我們不能斷定 $x$ 和 $y$ 是多少。不過，因為 $x$ 和 $y$ 都是正整數，而 $4^5$ 和 $5^5$ 的最大公約數是 1，所以 $(x+4)$ 一定可以被 $5^5$ 整除。

這樣，我們就可以算出 $x$ 至少是 $5^5-4=3121$；而 $y$ 至少是 $4^5-4=1020$。

# 方法靠人找

要是你問這五隻猴分桃，有沒有簡單一點的演算法呢？回答是有。

狄拉克本人，就提出過一個簡單的巧妙解法。據説，數學家懷德海也提出了一個類似的解法。

奇怪的是：狄拉克和懷德海都沒有想到，這個問題還有一個十分簡單的解法。它只用到一點算術知識，是小學生也能算出來的。

這個簡單的解法，它的思路是從前面兒子分羊來的，又是先借後還！

桃子不是分不勻，總要剩下 1 個嗎？問題的麻煩，就是因為多了 1 個桃子。

好。你來扮演一個助猴為樂的角色，借給猴子 4 個桃，這不就可以均分成 5 堆了嘛。反正最後還剩 1 大堆，你拿得回來的。

現在，讓 5 隻猴子再分一次。

桃子雖然多了 4 個，可是第一隻猴子並沒有從中撈到便宜。因為這時桃子正好可以均分成 5 堆，牠拿到的 1 堆，恰巧等於剛才你沒有借給牠們 4 個桃子時，牠連吃帶拿的數目。

這樣，當第二隻猴子到來時，桃子的數目，還是比你沒借給牠們時多了 4 個，又正好均分成 5 堆。所以，第二隻猴子得到的桃子，也不多不少，和原

來連吃帶拿一樣多。

第三、第四、第五隻猴子到來時，情況也是這樣。

5 隻猴子，每一隻都恰好拿走當時桃子總數的 $\frac{1}{5}$，剩下 $\frac{4}{5}$；而開始的時候，桃子的數目是 $x+4$（加上了你借給牠們的 4 個）。這樣到了最後，便剩下 $\left(\frac{4}{5}\right)^5(x+4)$ 個桃子，這比剩下的 y 個多 4 個。所以得到

$$y+4=\left(\frac{4}{5}\right)^5(x+4)。$$

和剛才的結論一樣。

因為 y+4 是整數，所以右邊的 $(x+4)$ 應當被 $5^5$ 整除。這樣，由 $(x+4)$ 至少是 $5^5=3\,125$，得 $x$ 至少是 3 121；$y$ 至少是 $4^5-4=1\,020$。

同樣的結論，可是得來全不費工夫！

# 問個為甚麼

題目做出來了。你不妨再想一想：這一借一還，究竟是怎麼回事呢？為甚麼一下子就把問題簡化了呢？

關鍵在於，猴子每來一次，桃子的數目發生了甚麼變化？

在你沒有借給牠們4個桃子的時候，那情況是：每來一隻猴子之後，桃子數就減1，再乘$\frac{4}{5}$；來5隻猴子之後，就等於對$x$進行5次減1，乘$\frac{4}{5}$。

你看，減1，乘$\frac{4}{5}$；再減1，乘$\frac{4}{5}$；再減1，乘$\frac{4}{5}$；再減1，乘$\frac{4}{5}$；再減1，乘$\frac{4}{5}$，這一串運算多麻煩。

要是你先借出4個桃子，使每一隻猴子來拿走$\frac{1}{5}$，然後你再把4個桃子拿回來，結果，和前面的計算結果完全一樣。這個過程，相當於對桃子數目加4，乘$\frac{4}{5}$，減4。也就是減1，乘$\frac{4}{5}$，相當於加4，乘$\frac{4}{5}$，減4。用字母表示，就是

$$\frac{4}{5}(x-1)=\frac{4}{5}(x+4)-4\text{。}$$

不信，你算一算，兩邊確實是恆等的。

這樣看來，猴子每來一次，桃子數的變化有兩種計算方法：一種是減 1，乘 $\frac{4}{5}$；另一種是加 4，乘 $\frac{4}{5}$，減 4。

後一種計算方法是3步，好像更麻煩了。其實，多次連續進行計算，就顯出它的優越性來了。你看：

加 4，乘 $\frac{4}{5}$，減 4；加 4，乘 $\frac{4}{5}$，減 4；加 4，乘 $\frac{4}{5}$，減 4；加 4，乘 $\frac{4}{5}$，減 4；加 4，乘 $\frac{4}{5}$，減 4。這中間有四次減 4、加 4 互相抵銷，總效果是：

加 4，乘 $\frac{4}{5}$，乘 $\frac{4}{5}$，乘 $\frac{4}{5}$，乘 $\frac{4}{5}$，乘 $\frac{4}{5}$，再減 4。這是一個很好算的過程，那結果，可以一下子寫出來：

$y=\left(\frac{4}{5}\right)^5(x+4)-4$。

像這樣把一個運算過程，變成另一個形變值不變的運算過程，在數學上叫做相似方法。

## 思考題

1. 設有 $m$ 個桃子，$k$ 隻猴子，每隻猴子來到之後，把桃子分成 $k$ 堆，還剩下 $r$ 個，牠吃掉 $r$ 個之後，又拿走了一堆。這樣 $k$ 隻猴子都來了之後，至少還有多少桃子？

2. 桌子上有一壺涼開水，其中放了 50 克糖。一個孩子跑來，把糖水倒出一半喝掉，添上 30 克糖，加滿水，和勻，走了。這樣來過 5 個孩子之後，壺裏還有多少糖？來過很多孩子之後，壺裏的糖能增加到 100 克嗎？

# 巧用加和減

說起來叫人難以相信。和牛頓同時創立微積分的大數學家萊布尼茲，有一次，竟被一道簡單的因式分解題難住了。這個題目是：把 $x^4+1$，分解成兩個二次多項式的乘積。

你會做這個題目嗎？

要是你一時分解不出來，請想一下，用配方法分解二次多項式是怎麼做的。例如：

$$\begin{aligned}&x^2-6x-1\\=&x^2-6x+9-9-1\\=&x^2-6x+9-10\\=&(x-3)^2-(\sqrt{10})^2\\=&(x-3+\sqrt{10})(x-3-\sqrt{10})\text{。}\end{aligned}$$

做這個題目的關鍵，是加 9 又減 9。加 9，是為了湊成完全平方式；減 9，是為了保證式子的值不改變。這一加一減，變換了代數式的形式，解決了問題。

配方，不限於配常數項，也可以配一次項，配二次項。萊布尼茲沒有做出的那個題目，就是用一加一減的配方法解決的。你看：

$$\begin{aligned}&x^4+1\\=&x^4+2x^2+1-2x^2\\=&(x^2+1)^2-(\sqrt{2x^2})^2\\=&(x^2+1+\sqrt{2x^2})(x^2+1-\sqrt{2x^2})\\=&(x^2+\sqrt{2}x+1)(x^2-\sqrt{2}x+1)\end{aligned}$$

為甚麼這道題難住了萊布尼茲，卻難不倒我們呢？原因很簡單。我們把前人千辛萬苦積累起來的知識，通過課堂和課外學習，用比較少的勞動就拿到了手。我們是站在前人的肩上的，所以顯得比前人高。

## 思考題

$x^2 - a^2 - (x + a)(x \quad a)$，是一個很重要、很有用的公式。在數學課上，我們是展開右邊得到左邊的式子的。你能用一加一減的辦法，由左邊得到右邊嗎？

# 二次變一次

一元二次方程和二元一次方程，是兩種不同的方程。

你相信嗎？用一點一加一減的技巧，我們就可以把一元二次方程變成為二元一次方程。

設一元二次方程

$x^2+px+q=0$

的兩個根是 $x_1$ 和 $x_2$。根據根與係數關係的韋達定理，除了有 $x_1x_2=q$，還有：

$$x_2+x_2=-p。 \quad (1)$$

要是再找出 $x_1-x_2$，不就可以列出一個二元一次方程組了嗎？

利用差的平方公式和一加一減的技巧，得：

$$\begin{aligned} & (x_1-x_2)^2 \\ &= x_1^2-2x_1x_2+x_2^2 \\ &= x_1^2+2x_1x_2+x_2^2-2x_1x_2-2x_1x_2 \\ &= (x_1+x_2)^2-4x_1x_2 \end{aligned}$$

代入 $x_1+x_2=-p$，$x_1x_2=q$，

得 $(x_1-x_2)^2=p^2-4q$，

即 $x_1-x_2=\pm\sqrt{p^2-4q}$。 (2)

把式（1）和式（2）聯立，正好是一個二元一次方程組。你把它解出來，恰好得到二次方程的求根公式！

原來，數學的花園到處是連通的，我們經常可以從不同的出發點，走到同一個地方去。你這樣多走一走，熟悉這個花園，也就會更加喜歡這個花園。

# 0 這個圈圈

前面講兒子分羊，用到了分子是 1 的分數。這種分子是 1 的分數，叫做埃及分數。

古埃及人只用這種分數。碰上 $\frac{2}{5}$，他們就用 $\frac{1}{3}+\frac{1}{15}$ 來表示；碰上 $\frac{3}{7}$，他們就用 $\frac{1}{4}+\frac{1}{7}+\frac{1}{28}$，或者用 $\frac{1}{6}+\frac{1}{7}+\frac{1}{14}+\frac{1}{21}$ 來表示。

現在，有這樣 99 個埃及分數：

$$\frac{1}{2},\ \frac{1}{3},\ \frac{1}{4},\ \frac{1}{5},\ \frac{1}{6},\ \cdots,\ \frac{1}{99},\ \frac{1}{100}。$$

你能夠在二三十分鐘之內，從中挑出 10 個，使這 10 個不同的埃及分數的和等於 1 嗎？

要是你沒有一定的方法，光靠碰運氣，一定會一次又一次地失敗的。

要是你想到了一加一減，便有一個巧妙的方法：

$$\begin{aligned}1&=1-\frac{1}{2}+\frac{1}{2}-\frac{1}{3}+\frac{1}{3}-\frac{1}{4}-\ldots-\frac{1}{9}+\frac{1}{9}-\frac{1}{10}+\frac{1}{10}\\&=\left(1-\frac{1}{2}\right)+\left(\frac{1}{2}-\frac{1}{3}\right)+\left(\frac{1}{3}-\frac{1}{4}\right)+\ldots+\left(\frac{1}{9}-\frac{1}{10}\right)+\frac{1}{10}\ 。\\&=\frac{1}{2}+\frac{1}{6}+\frac{1}{12}+\frac{1}{20}+\frac{1}{30}+\frac{1}{42}+\frac{1}{56}+\frac{1}{72}+\frac{1}{90}+\frac{1}{10}\end{aligned}$$

這樣，一件看來難於做到的事，輕而易舉地便成功了。

為甚麼一加一減的方法這樣有用呢？

一加一減等於 0。各種各樣的一加一減，便是 0 的各種各樣的表現形式。

你不要小看了 0 這個圈圈，這一圈，可就圈進了代數裏的一切恒等式。把一個恒等式移項，便得到一個恒等於 0 的代數式。所以，我們可以把任何樣子的一個恒等式，看成是 0 的一種表現形式。

$$(x+y)^2=x^2+2xy+y^2$$

可以寫成

$$(x+y)^2-x^2-2xy-y^2=0。$$

$$x^2-y^2=(x+y)(x-y)$$

可以寫成

$$(x+y)(x-y)-x^2+y^2=0。$$

你看，形式變了，本質總是 0。

各種各樣的恒等式變形，正是代數學所要研究的重要內容。這樣，我們就可以說：代數學的重要內容，是研究 0 的各種表現形式！

解方程，可以把方程的各項移到左邊，右邊是個 0；找到了未知數，便是找到了 0 的一個特定的表現形式。

恩格斯說：「0 比其他一切數都有更豐富的內容。」

0 如此重要，有趣的是，從人類開始使用數字到發明 0 這個記號，竟用了五千多年之久。這大概是你想不到的吧。

## 思考題

利用一加一減的方法，計算：

$$1^2+2^2+3^2+\cdots+100^2=?$$

# 有名的怪題

有這麼一個故事，曾經在一些國際數學家聚會中流傳。他們把這個故事裏提出的問題，叫做「看來幾乎無法回答的問題」。

現在，我把這個故事寫在下邊，作一些分析說明。

有一個一元二次方程。它的兩個根都是大於 1 的正整數，而且兩根的和不超過 40。這個方程寫出來是：

$x^2-px+q=0$。

（紙上 $p$、$q$ 處寫的是數。）

有人把寫有這個方程的紙條從中間撕開，把帶有數 $p$ 的一半給了數學家甲，把帶有 $q$ 的另一半給了外地的數學家乙。

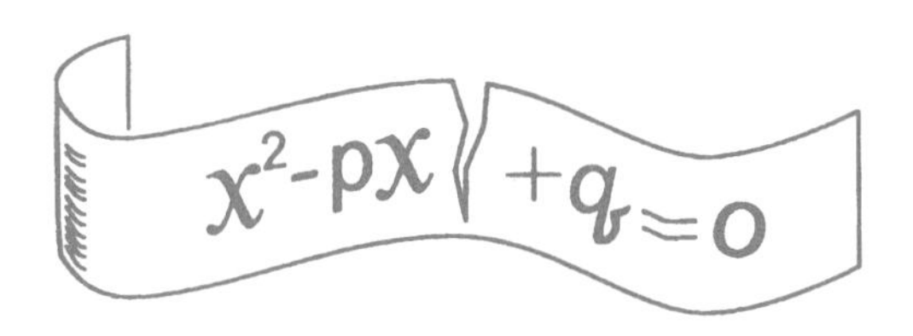


於是，甲知道了兩根的和 ($p$)，乙知道了兩根的積 ($q$)。

過了一會兒，甲打電話告訴乙說：「我斷定，你一定不知道我手中的 $p$。」

又過了一會兒，乙回電話說：「可是，我已經知道你的 $p$ 是多少了。」

又過了一會兒，甲回電話說：「我也知道你的 $q$ 了。」

請問：這個方程的兩個根是甚麼？

這個問題，怪就怪在沒有已知數，好像很難。其實，仔細看明問題，經過一番分析，用算術知識便能解答。

關鍵在於：甲所說的「你一定不知道我手中的 $p$」意味着甚麼。

它意味着：$p$ 一定不能寫成兩個素數的和。

因為 $p=a+b$，要是 $a$、$b$ 都是素數，那麼，乙手中拿到的 $q$，就有可能是 $ab$；要是 $q=ab$，$q$ 就只有一種分解因數的方法，乙便知道甲手中的 $p$ 了。

注意！甲斷定，乙一定不知道 $p$。這就是說：乙手裏拿的 $q$，一定不是兩個素數的積。也就是說：甲自己拿到的 $p$，不是兩個素數的和。

這樣，乙就可以一個一個地檢查，在 4 到 40 之中，把不能分成兩個素數的和的數，全部找出來。它們是：

11、17、23、27、29、35、37。

現在，乙已經知道甲手中的 $p$ 不外乎是這 7 個數了。

那麼，甲、乙手裏是甚麼數時，乙能準確地說出甲手中的 $p$，同時甲又能準確地說出乙手裏的 $q$ 呢？

先看 11。

要是乙手裏是 18、24 或者 28，那麼，因為

$18=2\times9=3\times6$，只有 $2+9$ 在這 7 個數之中；

$24=3\times8=2\times12=4\times6$，只有 $3+8$ 在這 7 個數之中；

$28=4\times7=2\times14$，只有 $4+7$ 在這 7 個數之中。

可見，乙手裏拿到 18、24 或者 28，都能斷定甲手中是 11；可是這時，甲卻不能斷定乙手裏是 18，還是 24，還是 28。

所以，甲手裏不是 11。

再看 23。

$130=10\times13=5\times26=2\times65$，只有 $10+13$ 在這 7 個數之中；

$126=14\times9=7\times18=$……只有 $14+9$ 在這 7 個數之中。

可見乙手裏拿到 130 或者 126，都能斷定甲手裏是 23；可是這時，甲卻不能斷定乙手裏是 130，還是 126。

所以，甲手裏不是 23。

同樣的道理，甲手裏不是 27，不是 29，不是 35，不是 37。最後，只剩下一種可能：甲手裏拿到了 17。

甲手裏的 $p$ 是 17，乙手裏可能拿到：

$30=2\times15$，$42=3\times14$，$60=5\times12$，$66=6\times11$，

$70=7\times10$，$72=8\times9$，$52=4\times13$。

要是乙拿到 30，$30=5\times6$，$5+6=11$，乙就不能斷定甲拿到的是 11，還是 17。

所以，乙拿到的不是 30。

同樣的道理，乙拿到的不是 42，不是 60，也不是 66、70、72。

最後，只剩下一種可能：乙拿到的是 52。

$52=4\times13=2\times26$。因為 $2+26=28$，不在這 7 個數之中，所以乙可以斷定甲拿到了 17。

結果，這個方程的兩個根是 4 和 13。

以上解決問題的方法叫做枚舉法，又叫做窮舉法，就是把各種可能加以分析，從中找出解答。

許多實際問題，現在只能用枚舉法來解決，這是無可奈何的辦法。所以，它也可以算是一種解題的好辦法。

# 你的臉在哪裏？

記得我6歲的時候，姑姑問我一個怪問題：「你知道你的臉在哪裏嗎？」

我想，這還會不知道，用手朝臉上一指說：「這不是嘛。」可是她搖搖頭說：「那是鼻子。」

於是，我把手指挪了個地方，可是她說：「那叫腮幫子，不是臉。」

我把手指往旁邊挪一下，她說：「那是嘴巴。」往上挪呢，她說：「那是眼睛。」再往上，「那是前額。」最下面呢，「那是下巴頦兒。」

我窘住了。在自己的臉上，居然找不到臉，真是奇怪了。最後，終於想到了以攻為守，反問起來：「那，你的臉在哪兒呢？」

姑姑笑了，說：「把我的鼻子、腮幫子、嘴巴、眼睛、前額、下巴頦兒……放在一起，就是我的臉。」

我恍然大悟，知道了甚麼是臉！

# 放在一起考慮

在日常生活中，我們常常需要把一些事物放在一起考慮，並且給它一個總稱。你看：

櫻桃、梨子、蘋果、桃……總稱為水果；

筆、圓規、三角板、擦字橡皮……總稱為文具；

椅子、桌子、書架、牀……總稱為傢具；

$A$、$B$、$C$……$X$、$Y$、$Z$ 總稱為大寫的英文字母；

紅、橙、黃、綠、藍、靛、紫……總稱為顏色。

這種總稱的辦法很重要！要不把櫻桃、梨子、蘋果、桃……總稱一下，一個賣這些東西的商店，該叫甚麼商店呢？

在數學裏，當我們把一些事物放在一起考慮時，便說它們組成了一個「集合」！

集合的意思，和體育老師一吹哨子，把同學們集合起來差不多。我們在頭腦裏一想，便把很多事物放在一起了！

1、2、3、4、5、6、7、8、9、0，這 10 個數字，便組成一個集合。

從 0 到 9，每個數字代表一個自然數。把 10 個數字中的幾個排列在一起，還可以表示更大的自然數：10、11、12……這就是全體自然數的集合。

兩個自然數相除，得到一個正分數。這樣，我們又和全體正分數的集合打起交道來了。

一個集合，總是由一些基本單元組成的。這些基本單元，叫做這個集合的「元素」。

比方說，3 是正整數集合的元素，或者說 3 屬於正整數集合；$\frac{1}{3}$是正分數集合的元素，或者說$\frac{1}{3}$屬於正分數集合。

在代數裏，我們還要和全體有理數的集合，全體實數的集合，所有代數式的集合、一次方程的集合、二次方程的集合打交道。

在幾何裏，我們又接觸到了點的各種集合：直線、線段、圓。還有直線的集合、三角形的集合、多邊形的集合，等等。

集合，是數學裏最基本的術語之一，也是最重要的概念之一。研究集合的數學，叫做集合論，是現代各門數學的基礎！

# 到處都有集合

除了在數學裏遇到集合之外，你還可以毫不費力，舉出形形色色的集合來。

走過百貨商店，看到櫥窗裏琳琅滿目。這個櫥窗裏擺的所有的樣品，組成一個集合；每一件樣品，便是這個集合裏的一個元素。

到了教室裏，全班 45 位同學都到齊了，45 位同學組成一個集合。這個集合裏有 45 個元素，你也是它的一個元素。班裏有 20 位女同學，這 20 位女同學也組成一個集合。這個集合比全班同學集合小，只有 20 個元素；而且這 20 個元素，又都在全班同學集合的 45 個元素之中。這樣，女同學集合便是全班同學集合的一個「子集合」。

你去過動物園嗎？動物園裏有許多珍禽異獸：調皮的猴子、可愛的熊貓、兇猛的老虎……牠們也組成一個集合。這個集合有多少元素呢？我說不上來，要到動物園去調查一番才能知道。動物園裏的動物，又分為哺乳動物、禽鳥、爬蟲……牠們各自組成一個子集合。

李老師只有一個孩子。李老師的孩子組成一個集合。這個集合裏只有一個元素。

所有比 10 小的素數，組成一個集合。這個集合裏只有 2、3、5、7 四個元素。

所有正偶數組成一個集合：2、4、6、8……無窮無盡，這是一個「無窮集」。線段 $AB$ 上的點，平面上的三角形，所有的一元一次方程，分別都組成無窮集。

也有這樣的集合，它裏面一個元素也沒有，叫做「空集」。方程 $x^2+1=0$ 的所有實根，便組成一個空集。因為方程 $x^2+1=0$，根本就沒有實根。

還有這樣的集合，它裏面有沒有元素，有多少元素，至今是一個謎。

地球上有沒有一種叫做「雪人」的類人動物，現在還沒有定論。這個集合是不是空的，誰也不知道。

在大於 4 的偶數中，有沒有這樣的偶數，它不能表示成 2 個素數的和？這樣的偶數組成一個集合，它也許是空的，也許是有窮的，也許是無窮的。弄清楚這個集合裏有沒有元素，是有窮個元素，還是無窮個元素，這就是有名的哥德巴赫問題。

許多實際問題、科學問題和數學問題，歸根結底，都是要弄清楚某個或者某些集合的情況！

## 思考題

在語文課上，我們逐步熟悉了常用字的集合、常用詞的集合、名詞的集合、形容詞的集合。請你想一想，是不是各門功課，都要和某些集合打交道呢？

# 雞和蛋的爭論

先有雞，還是先有蛋？這是一個流傳很廣的古老問題。人們常把它當做一個無法回答的問題。因為：

說先有雞，那麼，這個雞從何而來？當然是從蛋裏孵出來的，豈不是蛋比雞早；

說先有蛋，那麼，這個蛋從何而來？還不是雞生的，豈不是雞比蛋早。

也許你會說：世界上並沒有最早的雞，也沒有最早的蛋。雞生蛋，蛋生雞，可以上追到無窮遠，本來就不存在甚麼先有雞，還是先有蛋的問題。

這種說法是不對的。科學告訴我們：萬物都有歷史。大量的事實證明，地球不是從來就有的，地球上的生物不是從來就有的，雞也不是從來就有的，地球上確實應當有最早的雞和最早的蛋。所以，先有雞，還是先有蛋，這個問題是有意義的。

基督教認為：上帝造人，上帝造一切生物，上帝也造了雞。既然上帝是造了雞，那就是先有雞了。按照這種說法，最早的蛋是雞生的，而最早的雞是上帝造的。

這個答案倒簡單，可它是錯的，因為根本就沒有上帝。生物學的研究已經證實：現有的生物是在億萬年漫長的時間裏，由無機物到有機物，由無生命到有生命，由單細胞到多細胞，由低級到高級，逐漸進化來的。

具體說，鳥類是由爬行類的一支進化來的；而鳥類中的某一個分支，又演化成了現代的雞。古往今來的雞雖然很多，可總是有窮隻，牠們組成一個「有窮集」。這裏面，總有一批是最早的。

怎樣從鳥類中演化出雞的呢？

這是一個漸變過程。簡單說：雞的祖先，因為遺傳性的改變產生出一些蛋，這些蛋孵化成最早的雞。以後，又發生變化，才逐漸出現我們現在看到的雞。

# 甚麼叫做雞蛋？

現在，問題已經水落石出了。關鍵在於，孵出了最早的雞的蛋，有沒有資格叫做「雞蛋」？要是它可以叫做「雞蛋」，答案就是先有雞蛋，而最早的雞蛋，不是雞生的；要是它不能算是「雞蛋」，答案就是先有雞，而最早的雞，是從一種不叫「雞蛋」的蛋裏孵出來的。

這樣看來，只要我們把雞蛋的定義弄清楚，問題便很好解決了。

也就是說，全體雞蛋組成的集合，究竟包括哪些元素！要是規定：雞生的蛋才叫「雞蛋」。那麼，答案一定是先有雞。要是規定：孵出雞的蛋就算「雞蛋」。那麼，答案一定是先有雞蛋。

這樣看起來，要弄清一個問題，講清一個道理，有關的集合的元素一定要交代清楚！

研究推理的學問叫做邏輯學。這個例子，說明邏輯學和集合論是緊緊地聯繫在一起的。

# 白馬不是馬嗎？

有時候，你會聽到這樣的話，明明是毫無道理，甚至荒謬絕倫，卻又振振有詞，一下子難以駁倒。這種話叫做怪論或者詭論。

二千多年前，中國有一位善於辯論的人叫公孫龍。他有一句有名的怪論，叫做「白馬非馬」。

白馬非馬，就是說白馬不是馬。這不是在胡說嘛，誰能相信白馬不是馬呢。可是，公孫龍偏有他的歪道理：要是白馬是馬，那麼，黑馬也是馬；馬又是白馬，馬又是黑馬，那麼，黑馬就是白馬，黑就是白了。豈不荒謬？

這話的毛病出在甚麼地方呢？

毛病在於：日常說話用的語言，是不精確、不嚴密的；而同一個詞，又往往有不同的含義。我們平時說話，只要能聽懂，不誤會，也就可以了；要是用來認真地討論問題，就容易出現漏洞。這就給公孫龍胡說以可乘之機。

好。讓我們來分析一下吧。

# 「是」是甚麼意思？

拿「白馬是馬」的「是」字來説，常見的有3種含義：

一、「是」可以表示一樣。3市尺是1米，《阿Q正傳》的作者是魯迅……這時，「是」就起了數學中的「等號」的作用。

二、「是」可以表示元素和集合之間的歸屬關係。在「祖沖之是中國古代的數學家」這句話裏，祖沖之是一個數學家，而中國古代的數學家卻很多，一個人不能等於很多人，只能屬於這很多人組成的集合。

三、「是」可以用來表示兩個集合之間的包含關係。在「狗是哺乳動物」這句話裏，狗表示一個集合——由所有的狗組成的集合，哺乳動物也表示一個集合。這句話的含義，是説狗集合包含於哺乳動物集合。也就是説，狗集合是哺乳動物集合的一個子集。

一個人兼職太多了，會顧此失彼。一個字的含義太多了，容易造成含糊和混亂。一字多解，在文學作品中是雙關語、俏皮話的材料；而在認真的討論中，有時就成為詭辯的得力工具了。

## 思考題

「是」字還有甚麼用法？

# 公孫龍的花招

現在，回到「白馬是馬」的問題上。這裏的「是」字，是以甚麼身份出現的呢？在這裏：

白馬，是由所有白色的馬組成的集合；馬，包括了白馬、黑馬、老馬、小馬……是由所有的馬組成的集合。

很明白，白馬是馬，無非表示：白馬集合包含於馬集合。也就是白馬所組成的集合，是馬集合的子集。「是」字在這裏，表示「包含於」，是前面說的第三種含義。

公孫龍的詭辯是怎麼回事呢？他利用了「是」的多種含義，在那裏偷換概念。他的推理過程是：

要是白馬是馬，那麼，白馬=馬；要是黑馬是馬，那麼，黑馬=馬。這時，他把「是」字當成「等於」，得到白馬=黑馬，推出了矛盾。這就是說，白馬集合不包含於馬集合。也就是說，白馬非馬。

這時，他又把「是」字當成「包含於」了。

這一分析，真相大白：開始，他把「是」字說成「等於」；最後，又讓「是」字起「包含於」的作用。偷換概念，是愛詭辯的人的拿手好戲。

當然，公孫龍的怪論中沒有用「是」字，而用了「非」字，可是，「非」是「是」的反面。既然「是」字可以表示等於、屬於和包含於，那麼，「非」字自然也可以有 3 種不同的含義，就是不等於、不屬於和不包含於。

明白了這個道理，我們就會對付公孫龍了。當他在我們面前說甚麼白馬非馬的時候，只要問他一句話：

你說的「非」字，是甚麼意思呢？是「不等於」，是「不包含於」，還是「不屬於」呢？

要是表示「不等於」，白馬非馬的意思，無非是說：白馬集合不等於馬集合。這當然不錯，不算怪論。

要是表示「不包含於」，那就錯了。因為白馬集合包含於馬集合。

要是表示「不屬於」，白馬非馬是說：白馬集合不屬於馬集合。

這也對。因為馬集合的元素，是一匹一匹具體的馬；而白馬不表示某一匹具體的馬，只表示所有白馬組成的集合。原來，白馬集合是馬集合的子集，不是它的元素。它們之間的關係，是集合與它的子集的關係，用「包含於」表示，不用「屬於」。

凡事怕認真。這樣認真地咬定不放，公孫龍也就沒有甚麼花招可耍了。

# 你能吃水果嗎？

和「白馬非馬」類似的說法，外國也有。

德國哲學家黑格爾說過：你能吃櫻桃和李子，可是不能吃水果。

這是甚麼意思呢？

這是說，櫻桃和李子不是水果。這不是和白馬非馬差不多嘛。

其實，櫻桃和李子都是水果。水果是一個大集合，櫻桃、李子是這個大集合的子集。說櫻桃是水果並沒有錯。不過，這個「是」字在這裏代表「包含於」，而不代表「等於」罷了。

說吃水果也沒有錯。因為說的人心裏清楚，聽的人也明白，意思是吃某個水果。用數學的術語來說，就是說吃水果集合裏的某個元素，或者某些元素。不過，日常說話不能要求像數學那麼嚴格，只要大家明白就行了。要是不說「我在吃水果」，而說「我在吃水果集合裏的某些元素」，別人聽了，反而會糊塗起來，弄不明白你究竟在吃些甚麼了。

這個道理，聽起來有些稀奇古怪，細想一下，類似的例子多得很。

狗是一個大的概念，黃狗、黑狗便是小概念，家裏餵的一隻小花狗，便是具體的事物。這裏，大概念相當於一個大的集合，小概念相當於子集，具體的事物，相當子集合裏的元素。

還有，誰見過房子？當然，誰也沒見過房子，只見過農村的茅屋和磚房，城市的高樓和大廈。

還有，世界上哪有車子？只有汽車、火車、自行車、平板車、馬車⋯⋯

說怪也不怪。有些還處於原始社會階段的部落，往往只有具體的名詞。比方說，在他們的語言裏，只有老人、小孩、男人、女人這些詞，偏偏沒有單獨的「人」字。他們會說 3 隻羊、3 條魚、3 隻狼，卻不知道單獨的「3」是甚麼意思。

你看，集合的思想和語言也有密切的聯繫！

# 符號神通廣大

我們已經講過了 5 個重要的數學術語。它們就是：

集合、元素、子集、屬於、包含於。

它們的含義和用法，簡單地説，就是兩句話：

一、集合是由某些事物放在一起組成的，這些事物，都叫做這個集合的元素。比如 $a$ 是集合 $M$ 的元素，便説 $a$ 屬於 $M$。

二、要是甲集合的任一元素都是乙集合的元素，便説甲集合是乙集合的子集，或者説甲集合包含於乙集合，或者説乙集合包含了甲集合。

用 2 個符號，可以把這兩句話的意思表示得既準確，又簡潔：

一個符號是「$\in$」，讀作屬於；

一個符號是「$\subseteq$」，讀作包含於。

它們都是集合論中的最基本、最重要的專用符號（還有一個重要的符號是「$\subset$」，讀作真包含於）。

$\in$ 出現的時候，前面必有一個字母或者其他符號開路，後面必有另一個字母或者符號追隨。比如：

$6 \in S$，$\frac{1}{10} \in Q$。

一看到這樣的 3 個小東西，我們頭腦裏就要趕快反應：$S$ 是一個集合，6 是 $S$ 的一個元素，6 屬於 $S$；$Q$ 是一個集合，$\frac{1}{10}$ 是 $Q$ 的一個元素，$\frac{1}{10}$ 屬於 $Q$。

符號 $\subseteq$ 也必然是前有「探馬」，後有「衛士」的。不過，它前後的兩個符號都代表集合，不像 $\in$ 那樣，前面是元素，後面才是集合。一看見

$$A \subseteq B$$

就要馬上想到：$A$ 包含於 $B$，$A$ 和 $B$ 都是集合，而且 $A$ 是 $B$ 的子集。

子集的「子」字，使人聯想到孩子、兒子。$A$ 是 $B$ 的子集，有點像說：$A$ 是 $B$ 生的孩子。可是，這裏有一點不同：孩子總比父母小，而 $A$ 有時卻可以和 $B$ 一樣！

為甚麼呢？

再看看子集的定義就清楚了：要是甲集合的任一元素都是乙集合的元素，便說甲集合是乙集合的子集。好，要是乙集合就是甲集合，甲集合的元素當然也是乙集合的元素。所以，按定義，每個集合都是自己的子集，$A \subseteq A$ 永遠是對的。

$\in$ 和 $\subseteq$ 是不能混淆的兩個完全不同的符號。

要是既有 $A \subseteq B$，又有 $B \subseteq A$，那說明 $A$ 的元素和 $B$ 的元素完全一樣，這時，就說 $A=B$ 了。

初次見到 $\in$ 和 $\subseteq$，也許你會覺得奇怪，為甚麼要用這樣的符號呢？用文字不是也能說明白嗎？

大量使用符號來代替文字，是數學的一個十分重要的特點。

0、1、2、3……是符號；

+、−、×、÷……是符號；

≅、∠、Δ、⊙……是符號；

∈ 和 ⊆ 也是符號。

數學的符號多是有道理的。

首先，數學符號非常簡便。$a$ 屬於 $S$，「屬於」兩字有 10 多畫，用符號 ∈ 只有 2 畫，多麼方便。別小看了簡便。簡便可以節省時間，這可不是小事。

符號的第二個好處，是意思清楚、準確。一個符號只有一個確定的含義，是「專職人員」。在日常語言中，「屬於」這個詞可用在很多地方：榮譽屬於人民，狗屬於哺乳動物……而在數學裏，符號「∈」只能用於說明集合和它的元素之間的關係！

符號還有第三個優點，它是世界通用的。在翻譯數學書時，用符號組成的式子，只要照抄就可以了，這就為科學成果的交流提供了很大的方便。有人曾經設想：要是我們有一天能和外星人取得聯繫，那麼，能夠促進這兩類語言不通的智慧生物互相理解的東西，在開始的時候，也許只有音樂、圖畫和數學裏的圖形與符號。

符號的好處值得一提的，還有它的醒目的特點，能使人在頭腦裏迅速做出反應。

另外，由於使用了符號，使人們發現了一些新的數學定律、公式和數學分支，這更是符號的大功勞。在這方面，說來話長，這裏就不多說了。

# 不能這樣回答

很多事物，因為常見常用、習以為常，大家往往不去多想多問，以為自己已經十分明白了。一旦尋根究底，這才發現，其中，還有好些沒有弄清楚的地方。

你早就學過加法。現在問你，甚麼是相加？

也許你覺得太簡單了。加，就是放在一起。3 個蘋果和 5 個蘋果放在一起，是 8 個蘋果。

要是問你：把一隻老鼠和一隻貓放在一起，貓把老鼠吃掉了，消化掉了，是不是 1+1=1 呢？

當然不是。貓和老鼠放在一起，不是算術裏說的放在一起。或者說，算術裏的加和生物化學裏的加是不一樣的。

再問你一個問題：班裏組織了航模和無線電兩個課餘興趣小組，一個小組有 3 位同學，另一個小組也有 3 位同學，這兩個小組共有多少同學？

要是你應聲答 6 位，那就錯了。

不信，請看兩個小組的名單：

航模小組：李華、江明、徐志高；

無線電小組：丁一、李華、林小海。

你數一數，兩個小組共有幾位同學？一共是 5 位，因為李華一個人參加了兩個小組。

這不是 $3+3\neq6$，而是不能用算術裏的相加，來解決這樣的問題。

類似的問題很多。例如：

王老師有一個孩子，李老師也有一個孩子，兩位老師共有多少孩子？

李華看過 21 部電影，江明看過 17 部，兩人共看過多少部電影？

對這樣的問題，都不能簡單地把數一加了事！

# 一種新的加法

有些放在一起是多少的問題，不能用數的加法來直接計算。

數的加法，只能用在某些放在一起的問題上。第一，放在一起的東西要是同類的。1 頭牛和 1 隻羊，不能用 1+1=2 的辦法去算。這叫做同名數才能相加。第二，放在一起的兩組東西，在它們之間不能有公共成員。你家有 3 人喜歡數學，5 人喜歡文學，就可能只有 5 人，而不是 8 人。

這些清規戒律是不可少的。

可是，在實際生活中，我們會經常碰到一些不同名數的東西、幾組有公共成員的東西放在一起算的問題。例如：

兩個班的同學共訂有多少種報刊？

兩個動物園共有多少種珍禽異獸？

中國各地共有哪些野生動植物資源？

處理這些問題，就必須有一種不受那些清規戒律約束的加法，這就是集合的加法！

把甲、乙兩個集合的元素放在一起，組成一個新的集合丙，丙叫做甲與乙的「和集」。為了區別於數的加法，丙也叫做甲與乙的「併集」，或者簡單地叫做「併」。

也許你會問：一個元素既屬於甲又屬於乙，那麼，它在併集丙中算一個元素，還是算兩個元素呢？

當然是一個元素。兩個課餘興趣小組在一起開會時，李華雖然參加了兩個小組，可是開會時，仍然只給他準備一個座位。各班都訂了《中學生》雜誌，在統計全校訂有的報刊種類時，仍然只算一種。

甲班訂了10種報刊，乙班也訂了10種報刊，問甲、乙兩班共訂了多少種報刊？這就是問併集裏有多少元素的問題。

訂了多少種報刊呢？這可難説。也許有20種，也許有19種，也許只有10種。這要看甲、乙兩班訂的同樣的報刊有幾種。要是有5種是一樣的，那就共訂了15種。演算法很簡單：

10（甲集元素數）+10（乙集元素數）−5（甲、乙公共元素數）=15（併集元素數）。

這樣，我們就有了一個計算併集元素個數的公式：

（兩集元素數的和）－（兩集公共元素數）＝（併集元素數）。

這麼說起來，要弄清併集裏有多少元素，非得知道兩集有哪些公共元素不可嗎？

對。甲、乙兩集的公共元素，也就是那些既屬於甲又屬於乙的元素，它們組成的集，叫做甲集和乙集的「交集」，或者簡單地叫做「交」。併和交，是集合論裏的一對基本運算。

## 思考題

有個淘氣的同學，給自己算了一筆時間賬，發現他簡直沒時間上課了：

每天睡 8.5 小時，一年睡 129 天還多；

星期日全天和星期六半天不上課，共約 78 天；

兩個月暑假和一個月寒假，是 90 天；

每天吃飯用掉 2 小時，共 30 天還多；

每天兩小時課外活動，共 30 天還多；

元旦等假日 8 天以上。

以上共有 129+78+90+30+30+8=365（天）。

一年 365 天正好，怎麼還能上課呢？

請問這筆賬錯在哪裏了？

2. 全班 36 位同學，數學得 90 分以上的 27 人，語文得 90 分以上的 21 人，兩門都得 90 分以上的 18 人，問兩門都不滿 90 分的有多少人？

# 甚麼叫做相交？

陳毅是中國的元帥，又是熱情奔放的詩人。他曾經風趣地說：「在詩人當中，我是一個元帥；在元帥當中，我是一個詩人。」當然，這句話是他的謙遜之詞，是說自己既算不得元帥，也算不得詩人。實際上，陳毅是當之無愧的元帥兼詩人。

要是用數學語言來表達，就可以這樣說：中國所有的元帥組成一個元帥集合，所有的詩人組成一個詩人集合，陳毅就屬於這兩個集合的交集。

交集這個詞，許多人不知道。可是，交集這個概念，大家實際上常常在用。學校招生的時候，往往列出幾個必要的條件，每個條件可以確定一個集合，屬於這幾個集合的交集，才准報名。

在數學課上，我們更是常常接觸到交集。兩直線的交點，也就是兩直線的公共點。把一條直線看成它上面的點的集合，那麼，交點就是兩個點集的交集的元素。

你還可以舉出，直線和圓相交、空間兩平面相交等許多幾何中的例子。

有一個有趣的問題：在一粒花生米的表面上，可以找到一條能夠一絲不差地貼在乒乓球表面上的曲線嗎？

也許你以為這是一個很難的立體幾何問題，其實簡單得很：把花生米表面和乒乓球表面隨便交一下便行了！

不過，對沒想到相交的人來說，恐怕就百思不解了。

## 思考題

交集的概念和方程組的解有甚麼關係？

# 沒有來的請舉手

在一次班會上，老師問道：都到齊了嗎？沒有來的請舉手。

這當然是一句玩笑話。要知道哪些同學沒有來，只要弄清楚哪些同學來了就可以了。

全班同學組成一個集合，出席同學組成它的一個子集。從全班同學集合中去掉出席同學集合中的元素，剩下的就是缺席的同學，他們組成另一個子集。

把出席子集和缺席子集併起來，恰好是全班同學的集，既不重複，也不遺漏。我們說，這樣的兩個子集是互補的集合。

說到互補，必須先有一個「全集」。說甲集和乙集互補，是相對於全集說的。剛才說的全集，就是全班同學的集合。

這個互補的意思，在日常生活中，在數學裏，都很重要。

現在幾點了？9 點差 5 分。這裏不說 8 點 55 分，是因為 9 點差 5 分更簡明，給人的印象更清楚，這就用到了補的思想。我們在電影上經常看到，警察偵破案件時，總是不斷地把確證不可能作案的人排除，一步一步地縮小調查範圍，這也用到了補的思想。

在學習心算和速算的時候，補數的用途很多。進位加法的口訣是「進一減補」，退位減法的口訣是「退一加補」。乘法速算用到補數的地方也不少。

補的思想還可以再推廣：按加法，9 和 1、97 和 3、49 和 51……是互補的；按乘法，0.2 和 5、4 和 0.25……也可以說是互補的，不過，為了避免混淆，我們說它們互為倒數。倒數在速算中也很有用。

在幾何裏，補角和餘角都是互補思想的應用。不過，以直角為標準時不叫互補，而叫互餘罷了。

併、交、補是集合之間的 3 類重要運算。它們在邏輯的研究中，在電腦的設計和應用中，都有很大的用處！

# 猜生年的遊戲

1983年是「豬」年。當郵局開始出售一張印有1頭大肥豬的郵票時，許多集郵迷爭相購買，生怕買不到這頭「豬」。

為甚麼要把年與豬聯繫在一起呢？

這是中國干支紀年的通俗說法，在民間流傳已久。它用12種動物輪流標記年份，順序是鼠、牛、虎、兔、龍、蛇、馬、羊、猴、雞、狗、豬。

1983年是豬年，1982年便是狗年，1984年便是鼠年。要是你是上一個豬年——1971年生的，到1983年這個豬年的生日那天，便是12週歲。

一個人出生那年是豬年，他的生肖便是豬，也說他屬豬。類似的，屬牛、屬狗等等。生肖比年代形象好記。知道了一個人是屬豬或者屬狗，就容易推算出他的年齡。要是推算錯了，一錯就是 12 歲，很容易發現。

下面，講一個猜生肖的遊戲。

把這 12 種動物畫在一張紙上，如圖：

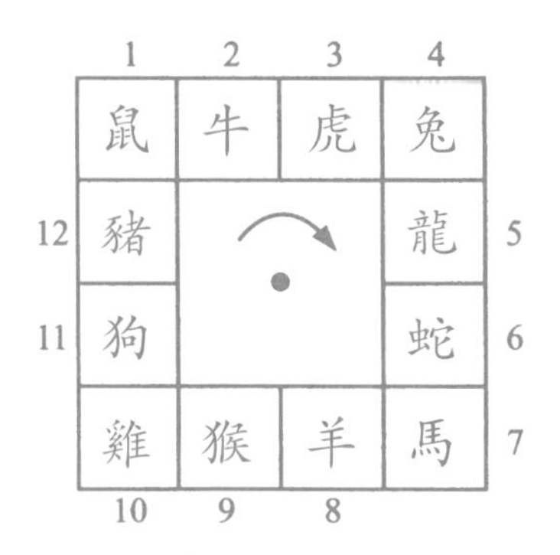


取一張同樣大小的卡片，在上面挖 6 個洞，如圖：

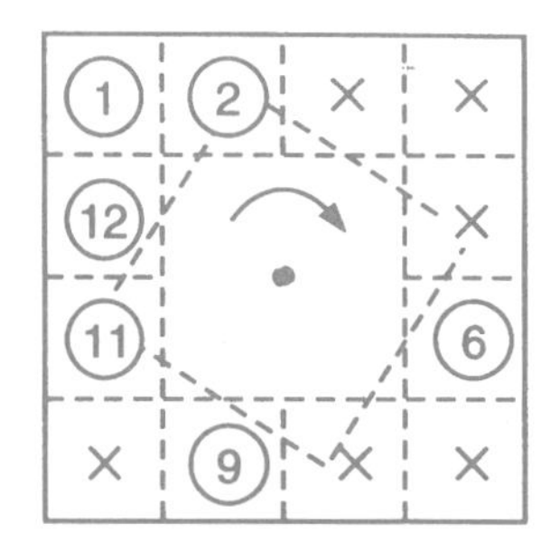


把卡片蓋在十二生肖圖上，能看見的 6 個是鼠、牛、蛇、猴、狗、豬，就是 1、2、6、9、11、12。請你的一位朋友來，只要問答 4 次，你便能準確地說出他的生肖來。具體玩法是：

把卡片蓋在圖上，問：「現在能看見你的生肖嗎？」你的朋友說「能」，你便記個「○」在一張紙上；說「不能」，便記個「×」。當然，如果你記性好，不用紙筆，在心裏記下，遊戲的效果就更好了。

然後，把卡片順時針方向轉 90°，再問一次。這時，洞裏露出來的 6 個是兔、龍、猴、豬、牛、虎。因為這麼一轉，對應的號碼都加了 3，而加 3 後大於 12 的再減 12，於是，1 → 4，2 → 5，6 → 9，9 → 12，11 → 14 → 2，12 → 15 → 3，洞裏露出的便是兔、龍、猴、豬、牛、虎了。

再轉 90°，問一次；再轉 90°，問一次。根據 4 次回答，你馬上可以定出他的生肖來。要是 4 次回答是「○×××」，那他就屬鼠。

為甚麼呢？

你這樣轉動 4 次，反覆試試，容易發現卡片洞設計得很好：

(1) 在 4 個角上的鼠、兔、馬、雞，都只出現 1 次；依次靠後的牛、龍、羊、狗，都要出現 2 次；再依次靠後的虎、蛇、猴、豬，都要出現 3 次。這就把十二生肖的出現等分成 3 類；而且每一類中的 4 個，出現的先後又正好不一樣。要是 4 次回答中只有一個「○」，而且是第一次出現，那肯定就是鼠了。

(2) 回答只可能有 12 種，而且各自對應一個生肖，既不重複，也不遺漏。所以，你能根據回答的情況，準確給出答案。4 次回答與十二生肖的關係，列個表就清楚了：

| | | | | | |
|---|---|---|---|---|---|
| ○ | × | × | × | 鼠 | (1)； |
| × | × | ○ | × | 馬 | (7)； |
| ○ | ○ | × | × | 牛 | (2)； |
| × | × | ○ | ○ | 羊 | (8)； |
| × | ○ | ○ | ○ | 虎 | (3)； |
| ○ | ○ | × | ○ | 猴 | (9)； |
| × | ○ | × | × | 兔 | (4)； |
| × | × | × | ○ | 雞 | (10)； |
| × | ○ | ○ | × | 龍 | (5)； |
| ○ | × | × | ○ | 狗 | (11)； |
| ○ | × | ○ | ○ | 蛇 | (6)； |
| ○ | ○ | ○ | × | 豬 | (12)。 |

把這個表簡化一下，得到：

| | | | | |
|---|---|---|---|---|
| ○ | 1 | 4 | 7 | 10 |
| ○○ | 2 | 5 | 8 | 11 |
| ○○○ | 3 | 6 | 9 | 12 |

農村趕集有1、4、7、2、5、8、3、6、9的規定，再把10、11、12依次放在後面，就記住了這個表。

## 思考題

這個猜生肖的遊戲，你能用集合的補和交，把它的道理說清楚嗎？

# 怎樣設計卡片？

也許你會問，猜生肖遊戲的解答表，怎麼那麼有規律？它是怎麼設計出來的呢？

你看，在卡片轉動的時候，角總是落在角上。我們要是只在卡片的左上角挖1個洞，當它轉動的時候，順次看見的只有鼠、兔、馬、雞。

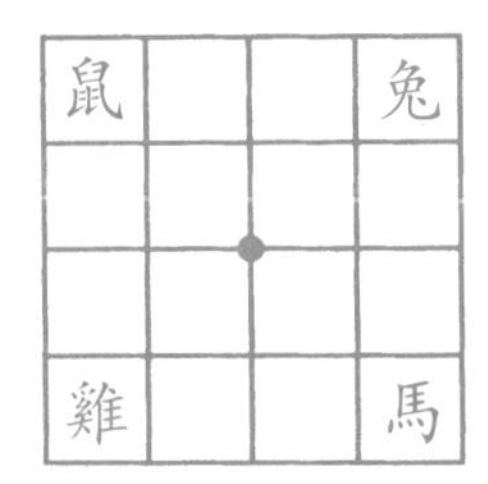


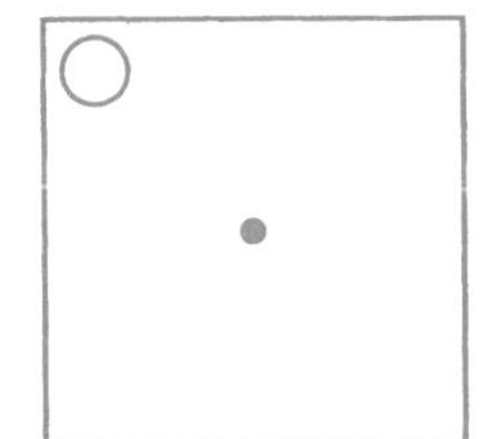

所以，鼠就是○×××，兔就是×○××，馬就是××○×，雞就是×××○。

這只解決了4個，那8個怎麼辦呢？卡片上可只有4個角呀。

你多想想，再細看看，原來牛、龍、羊、狗這4個，也分佈在一個正方形的4個角上，只不過這個正方形沒有畫出來，不惹人注意罷了。

當卡片轉動的時候，這個看不見的正方形，角也是落到角上的。在這四個角上也挖1個洞，不是又把牛、龍、羊、狗解決了。不過，這次在4個角只挖1個洞，就太粗心了。比如在牛的位置挖個洞，卡片轉動4次，牛就是○×××，牛和鼠就沒有區別了。

怎麼辦呢？

在這4個角上挖2個洞就解決了。有了2個洞，在卡片轉動4次中，牛、龍、狗、羊都會出現 2 次，這就和鼠、兔、雞、馬有區別了。

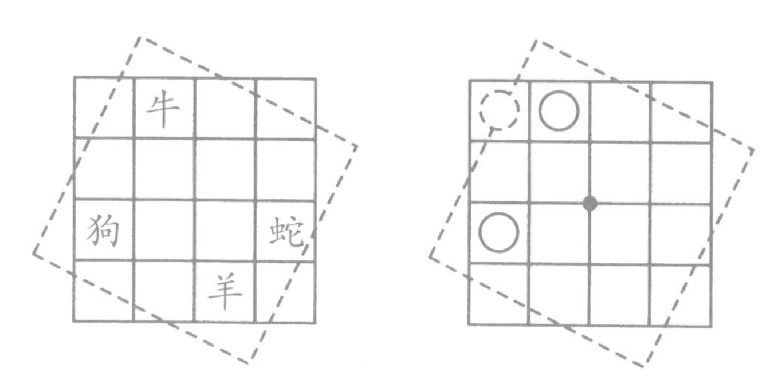


卡片上多了這 2 個洞，會不會影響鼠、兔、馬、雞的代號呢？

不會。這 2 個洞，是怎麼也不會落到原來的角上去的。

最後剩下的虎、蛇、猴、豬 4 個，也正好在一個正方形的 4 個角上，只要在 4 個角上挖 3 個洞就行了。

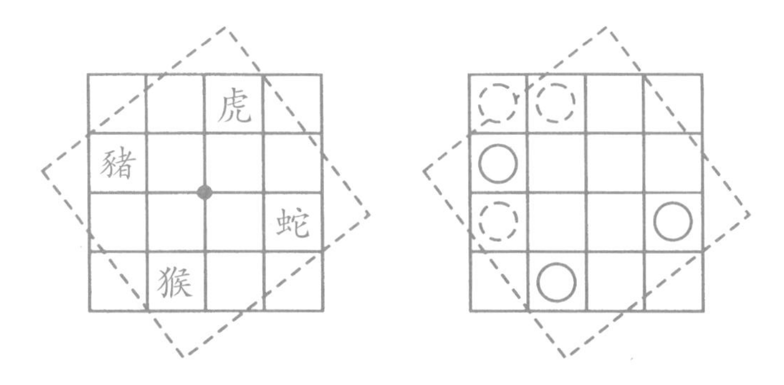


要注意的是那 6 個洞，可以有多種多樣的挖法。上面說的，只是其中的一個。

## 思考題

請你想一想，卡片上的洞有多少種不同的設計方法？在應用時可以有多少種變化？這個遊戲和集合的併有甚麼聯繫？

# 怎樣分配鑰匙？

重要的東西放在櫃子裏，往往要上鎖。

要是 2 個人共同保管一櫃子重要東西，為了慎重，放上 2 把鎖，2 人各拿 1 把鎖的鑰匙。這樣，只有 2 人同時在場，才能打開。

要是 3 個人共同保管，並且規定：只要 2 人在場，便可以打開櫃子，而 1 個人是打不開的，應當怎麼辦呢？

容易想到：可以用 3 把鎖，每人拿 2 把鑰匙。甲、乙、丙 3 個人，A、B、C 3 把鎖，甲拿 A、B 的，乙拿 A、C 的，丙拿 B、C 的。這樣，誰來了也不能開 3 把鎖，可是任意 2 個人來，就可以了。

更複雜一些，一個辦公室有 4 個人，規定夠 3 個人才能開那個檔櫃，那麼，至少要用幾把鎖？鑰匙又應當怎樣分配呢？

也許你會説，這還不簡單，3 個人用 3 把鎖，4 個人用 4 把鎖好了。每人拿 3 把鑰匙，不就可以了嗎？

仔細一想，不行。4 人當中，誰也不能拿 3 把鑰匙。要是甲拿了 3 把，而第四把在乙手裏，豈不是甲、乙 2 人就把門打開了嘛。

類似的道理，誰也不能只拿 1 把。

如果甲拿了 A，另外 3 個人手裏都不可能有 A。不然，如果乙手裏有 A，甲、乙、丙 3 人能開，乙、丙 2 人就也能開了。這樣，乙、丙、丁 3 人就是打不開了！因為誰也沒有 A。

既然誰都不能拿 1 把或者 3 把，那就只剩下每人 2 把這一種可能了。每人 2 把行不行呢？

要是甲拿到 A、B 2 把，那麼，另外 3 人中也有 A、B，否則 3 人來了怎麼開呢？設乙、丙在一起就有了 A、B，既然甲、乙、丙 3 人能開鎖，乙、丙 2 人也能開了。所以，4 把鎖是不夠的。

5 把鎖呢？可以證明，5 把也不行。想實現提出的要求，至少要 6 把鎖，鑰匙的具體分配方案是：

甲：A、B、C；

乙：C、D、E；

丙：E、F、A；

丁：B、D、F。

## 思考題

為甚麼 5 把鎖不行？用 6 把鎖時，還有沒有其他分配鑰匙的方法？請你想一想，能不能運用集合的交、併、補，把這兩個問題說清楚。

# 馴鹿有多少隻？

以前，在北方的寒冷地帶，生活着一些原始部族。他們常常養着許多馴鹿，就和農牧民養馬、驢、牛、羊一樣。

一天，一位遠方的客人來到了這裏。主人淳樸好客，盛情招待之後，又請客人參觀自己的馴鹿羣。客人在讚美主人的勤勞和富足之後，提出了一個問題：尊敬的主人，你家有多少頭馴鹿呢？

這使主人有點為難了。他說：我們並不經常清點馴鹿的總數。要是有 1 頭馴鹿跑出去，我們看見了，會把牠趕回來。不過，既然尊貴的客人希望知道馴鹿的數目，我一定讓客人滿意。

於是，他喊來了妻子、2 個兒子和 1 個女兒。他想了想，又請來了 3 位鄰人。大家知道了原因，都熱情地表示願意幫助清點馴鹿。他們伸出了自己的雙手。

主人把馴鹿放出欄外，再 1 頭 1 頭地趕回來，每回來 1 頭，便有人屈回 1 個手指。最後，主人得意地向客人說：看見了吧，我的馴鹿比 7 個人的手指頭還多 4 頭呢。

這便是許多原始部族的計數方法。

我們的祖先，很久以前也是這樣計數的。正是因為每個人有 10 個指頭，所以世界各地的人們，差不多都不約而同地用了十進位的記數方法。在有些慣於赤腳的部族，也有把腳趾用上的，這就是二十進位的「赤腳算術」。

寒冷地方的原始部族只用手指，因為那裏的天氣太冷了，打赤腳是不行的。

# 這個辦法真好

也許你認為原始部族在計數方面太不高明了，簡直和一年級的小學生差不多。可是，他們計算數時所用的基本原則，卻是非常科學的！這個原則就是：要是在兩個集合的元素之間可以建立起一一對應關係，那麼，這兩個集合的元素便是一樣多的！

一羣馴鹿組成了集合 $A$，一些手指組成了集合 $B$，1 頭馴鹿對 1 個手指，既不重複，又不遺漏，這就在 $A$、$B$ 兩個集合之間，建立了一一對應，我們就知道了：有多少手指，便有多少馴鹿！現在，這裏是 7 個人的手指外加 4 個手指，馴鹿便是這麼多——74 頭。

一一對應，非常有用！而且，即使不知道一一對應這個詞，人們也經常用到它。

學校包了一場電影。同學們紛紛擠在電影院裏。帶隊的同學很着急，怕椅子不夠坐。於是，他宣佈不分年級和班組，一個挨一個坐下。結果，椅子正好夠坐。

夏天，你吃過清涼的人丹。1 包人丹是 50 粒，這 50 粒是怎樣不多不少地裝進去的呢？原來女工手裏拿 1 個帶把的小竹板，竹板上刻有半球形的 50 個小窩窩。她把竹板在人丹堆裏一抄，每個窩裏有 1 粒人丹，於是：不多也不少，正好 50 粒。這正像人們常說的：一個蘿蔔一個坑。

到了一個大城市，最好準備一張市區交通地圖。市裏的街道、電車路線、公共汽車路線，在圖上一目了然，這也是一一對應。這種對應，方便了旅客。

用一一對應的思想和方法，還可以使不好計數的變得容易計數，不易掌握的變得容易掌握，不好理解的變得容易理解。

下面的這個智力遊戲，就可以用一一對應的思想來解決：

國際象棋盤有 64 個方格，黑白相間，把左上角和右下角的方格各剪去一個，能不能把剩下的 62 個方格，剪成 31 個長為 2、寬為 1 的長方形呢？

你應當在 1 分鐘之內回答：不行。因為剪去的 2 個方格顏色相同，剩下的方格，黑方格和白方格不能一一對應了，而每個 2×1 的長方形，必須是一黑一白！

## 思考題

教室裏有 7 排椅子，每排有 7 個座位，49 位同學每人 1 個位子，能不能調換一下位置，使每人都坐到相鄰的（前、後、左、右）位置上去？

# 巧排詩的竅門

白日依山盡，黃河入海流。

欲窮千里目，更上一層樓。

唐朝王之渙的這首詩，20 個字便寫出了黃昏日落時，祖國山河蒼茫壯闊的景象。

一天，丁丁用 20 張小卡片，分別寫了這 20 個字，疊成一疊拿在手上。最上面一張是「白」字。

他把「白」字放在桌上，然後一張一張地把最上面的卡片移到最下面。移掉 6 張之後，便出現了「日」字。

又這樣移掉 6 張，「依」字又出現了。以後，每從上移下 6 張，便出現了詩句中的下一個字。最後剩在手裏的，是「樓」字。在旁觀看的同學感到奇怪：他預先是按甚麼順序把卡片排好的呢？

動手計算，要花不少時間。利用一一對應，卻有一個簡單的排法：

在紙上畫一排 20 個方格，在最左面的方格裏寫上號碼 1，空 6 個格寫 2，再空 6 個格寫 3；在 3 的右邊，現在只有 5 個空格了，再接着從左邊留空格 1 個，然後寫 4，以後繼續這樣數下去。每跳過 6 個空格，就順序填一個號碼，直到 20。

| 1 | | | | | | | 2 | | | | | | | 3 | | | | | |
|---|---|---|---|---|---|---|---|---|---|---|---|---|---|---|---|---|---|---|---|
| 1 | 10 | 4 | 14 | 13 | 15 | 12 | 2 | 7 | 9 | 5 | 18 | 16 | 11 | 3 | 19 | 20 | 8 | 6 | 17 |

最後，把詩中的 20 個字，按順序編上號碼，再按紙上排好的號碼順序疊成一疊，自上而下是：

白流山里千目窮日河海盡一更欲依層樓入黃上

這個有趣的遊戲，還有種種不同的玩法。可以用不同的詩，或者要求把撲克牌這樣一張張地按指定的順序出現。而且，也不一定每隔 6 張抽 1 張。可以先隔 1 張抽 1 張，再隔 2 張抽 1 張，然後隔 3 張抽 1 張，就顯得更有趣了。

這樣把 20 個字的順序重排一下，也就是把一個集合的 20 個元素，和自己一一對應了一下。這種集合到自身的一一對應，叫做「置換」。在數學中，置換是一種很有用的一一對應。

## 思考題

李華能熟練地把打亂了的魔方（編按：港稱「扭計骰」）還原為6面單色。一天，小王拿了1個打亂了的魔方問李華：你能把你手中的魔方打亂得和我這個一模一樣嗎？李華一下子被難住了。過了幾分鐘，他便想到了一個必然成功的方法。你知道他用的是甚麼方法嗎？

# 重視先後順序

巧排成詩的遊戲，關鍵在於順序。一首好詩，把字的順序打亂，就不成為詩了。

事物的順序，有時候是很重要的。打撲克牌，能不能得到勝利，要看出牌的順序。下象棋，先走甚麼，後走甚麼，也很有講究。

學化學，門捷列夫的元素週期表很重要。門捷列夫是怎樣發現週期表的呢？他是把幾十種元素，按原子量的大小，自小而大排成順序，才發現了這個表的。

有時候，順序本身並不重要。可是，為了方便，還是要排個先後。報紙上登載出席一些重要會議的人員名單，常常加上一句說明：按姓氏筆畫為序。這就是說，順序本身，不包含甚麼意義。因為總得有個先後，不然怎麼印報和讀報呢。

英文字母是從 A、B、C 開始的。這是個習慣，沒有多少道理。不規定個順序，可怎麼查字典呢。

在生活裏，買東西、乘車，人多了要排隊，是文明的表現。

在數學裏，數有大小，運算要先乘除後加減……也常常要用到順序。

集合裏的元素，本來無所謂先後順序。有時為了處理問題方便，需要分個誰先誰後，排成一定的順序。這種規定了元素之間的先後順序的集合，叫做「有序集」。

同一個集合裏，可以按照不同的標準，排成不同的有序集。

全班同學，在集合的時候，按個子高矮排成了一隊，高個子在前面，這就成了一個有序集。可是在長跑的時候，跑得快的就到了前面，又形成了另一個有序集。

三次多項式的四項，按升冪排列成為一個有序集，按降冪排列成為另一個有序集。

在 2 個有序集之間建立一一對應，有時候順序可能打亂了。要是順序不打亂，前面的對應前面的，後面的對應後面的，這種不打亂順序的一一對應，叫做「相似對應」。

我們用手指來數東西：1、2、3……這個數的過程，也就給一堆東西排了某種順序。這個新排成的有序集，和一些自然數 1、2、3……也就建立了相似對應。

要是這堆東西本來已有順序，而這個順序和數的先後次序不一定一樣時，這種對應，就不是相似對應了。

順序，在幾何裏也很重要。在學相似形的時候，就要注意 2 個圖形中的點的排列順序。

# 請問甚麼是 1 ？

1 是甚麼，這還用問嗎？ 1，就是 1 把、1 隻……1 把椅子、1 隻羊……

那麼，1 到底是 1 把椅子，還是 1 隻羊呢？

它既不是 1 把椅子，也不是 1 隻羊；可它既可以代表 1 把椅子，也可以代表 1 隻羊。

可不是嘛，1+1=2 這個等式，既可以用來説明 1 把椅子和另 1 把椅子放在一起，就是 2 把椅子；也可以表示 1 隻羊和另 1 隻羊放在一起，就是 2 隻羊。

同樣，可以問甚麼是 3 ？甚麼是 4 ？甚麼是自然數？

這個問題很重要。有了自然數，才有分數，才有有理數，才有實數，才有複數。我們學數學，是從 1、2、3、4 開始的。

幾何也離不開數。線段的長度、三角形的面積、角的大小、相似形的相似比，都是數。而數，歸根到底要從 1、2、3、4 說起。

還有比 1、2、3、4 更基本的嗎？回答是有。這就是集合！

我們可以利用一一對應，對集合進行分類。要是甲、乙兩個集合可以一一對應，便歸成一類。自然，同一類的集合，它們的元素是一樣多的。

元素最少的那一類，只有 1 個集合——空集。我們說，空集的元素的數目是 0。

有一類集合，它的元素比空集的元素多，比別的類集合元素少。我們就說它是 1。1 就是最小的非空集的元素個數。

把這一類除去，最小的一類，它的元素個數就是 2。這樣，自然數便可以依次產生了！

總之，把所有的有限集分成許多類，能夠一一對應的才算是同類。把這些類，按元素的多少，由小到大排成順序，每類給它一個符號，來表示它的元素的多少，這些符號，按我們的習慣寫成 1、2、3……這便是自然數。

說集合論是現代各門數學的基礎，這是一個重要的原因！

# 用尺子來運算

你的文具盒裏，有沒有帶刻度的小直尺？直尺上每個刻痕旁有一個數：1、2、3……這也是一一對應，數和點的對應。

利用這個對應關係，有兩把直尺，便能計算加法。

如圖，把兩把尺一正一反地對好，上面尺子的刻度 5 對準下面尺子的刻度 4，上尺端的 0 便對準了下尺的刻度 9，這說明 $4+5=9$。

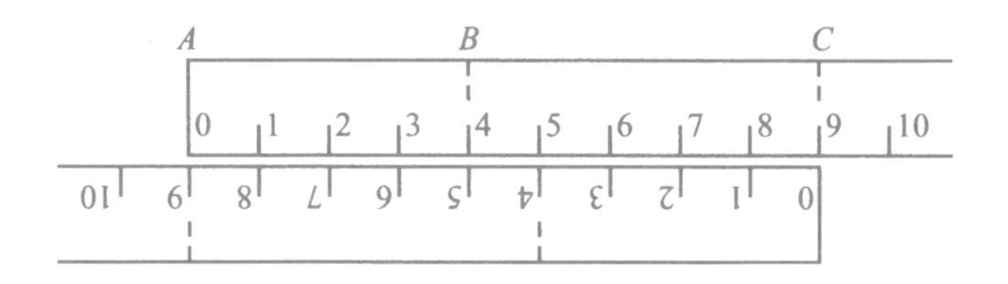


從上圖還可以看到：$1+8=9$，$2+7=9$，$3+6=9$，等等。

道理很簡單，看上尺，$AB$ 長為 4 格；看下尺，$BC$ 長為 5 格；上下一同看，$AC=AB+BC=9$，這不過是把數的相加化成線段的相加罷了。

還可以換一個眼光看，從 $A$ 開始，上尺是 0，下尺是 9，$0+9=9$；每向右移 1 格，上尺刻度加 1，下尺刻度減 1，一加一減，總和不變，仍然是 9。

尺子也能算正負數。不過，常用的尺子上沒有負數的刻度。你可以用牙膏紙盒的硬紙條做 2 根帶正負數的尺子，這尺子就像書裏講的數軸了。

−6 −5 −4 −3 −2 −1 0 1 2 3 4 5 6

仍然用剛才的辦法，就能算正負數的加法。如下圖，說明(−1)+(−2)=−3，7+(−10)=−3，等等。

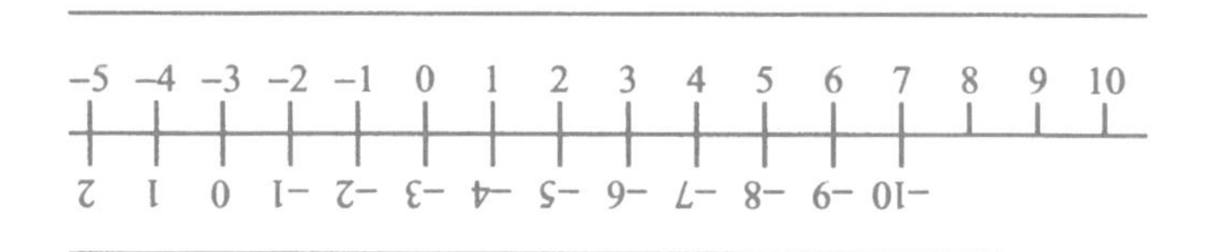


用尺子能算乘法嗎？

也能。只要把尺子上的數改一下就可以了。這就是把 0 改成 1，1 改成 2，2 改成 4，3 改成 8，−1 改成 0.5，−2 改成 0.25……這一改，剛才的加法就變成了乘法：

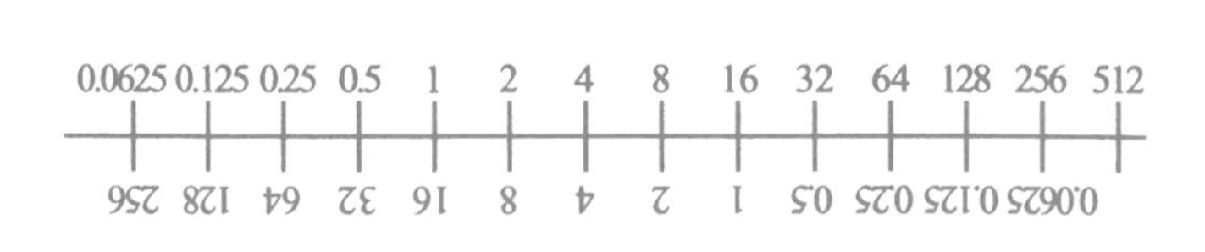


如上圖，上尺的 128 對準下尺的 0.125，上尺的 1 正對着下尺的 16，答案就是 128×0.125=16。另外，2×8=16、4×4=16、32×0.5=16，等等。

這個道理也很簡單。1 和 16 相對，$1\times16=16$；向右移 1 格，1 加一倍變成 2，16 減一半變成 8，兩者一乘，等於不加不減：

$$1\times16=1\times2\times\frac{1}{2}\times16=2\times8\text{ 。}$$

再向右移，每移 1 格，上尺的刻度數乘 2，下尺的刻度數除以 2，一乘一除抵銷，乘積不變。

## 思考題

能用本節講的方法計算減法、除法和比例嗎？

# 老伯伯買東西

一位老伯伯帶了 10 元錢買東西。他把這 10 元錢分成 10 份，分別包在 10 個小紙包裏。

他要買的東西的價錢是多少呢？不知道。也許是 1 分錢，也許是幾元幾角幾分。他得意的是：從 1 分到 10 元，不管是多少，他都能從這 10 包中挑出幾包來付錢，不用找錢。

請你想想，這可能嗎？要是可能，這 10 包錢各是多少，才能搭配出 1000 種錢數呢？

從簡單的情況開始。這是解決數學問題常用的方法。

必須有這麼 1 包，包 1 分錢。不然，買 1 分錢的東西怎麼辦呢？

為了能買 2 分錢的東西，有 2 種方法。一種方法是再包一個 1 分錢的包，另一種方法是再包一個 2 分錢的包。哪種方法好呢？當然是包一個 2 分錢的包好。因為這樣可以買 2 分錢的東西，也可以和那個 1 分錢的包合起來，買 3 分錢的東西。

下一步，我們要考慮怎麼能買到 4 分錢的東西。這可以有 4 種辦法：

增加一個 1 分錢的小包，可買 1~4 分錢的東西；

增加一個 2 分錢的小包，可買 1~5 分錢的東西；

增加一個 3 分錢的小包，可買 1~6 分錢的東西；

增加一個 4 分錢的小包，可買 1~7 分錢的東西。

當然是第四個辦法好。

下一步，為了買 8 分錢的東西，我們要增加一個甚麼樣的包呢？想一下剛才的包法——1 分，2 分，4 分，很自然會想到 8 分。

這樣，我們發現規律了：一包比一包多 1 倍。

可是，從 8 分到 10 元，相差還很大，而我們已經包了 4 包，只剩 6 包了，行嗎？為了放心，具體算一算好。

第五包，1 角 6 分，5 包可以買 1 分至 3 角 1 分的東西；

第六包，3 角 2 分，可買 1 分至 6 角 3 分的東西；

第七包，6 角 4 分，可買 1 分至 1 元 2 角 7 分……

第八包，1 元 2 角 8 分，可買 1 分至 2 元 5 角 5 分……

第九包，2 元 5 角 6 分，可買 1 分至 5 元 1 角 1 分……

第十包，按規律，應當是 5 元 1 角 2 分。可是，老伯伯只有 10 元錢，前 9 包已包了 5 元 1 角 1 分，剩下的只有 4 元 8 角 9 分，這就是第十包。

你還不放心，可再算一遍，看看這樣包，能不能搭配出從 1 分到 10 元的這 1000 種錢數。

要是老伯伯再多 2 角 3 分，一共是 10 元 2 角 3 分，這個題就更漂亮了：把 10 元 2 角 3 分錢分成 10 包，從中間取若干包，可以搭配出 1 分，2 分，直到 10 元 2 角 3 分，共 1023 種不同的錢數。連 0 算在內，共 1024 種。

# 能不能更多呢？

把這10個紙包看成一個集合，每個紙包便是這個集合的一個元素。從10個元素中任取幾個元素，便可組成一個子集。

問題在於，這個有10個元素的集合，有多少子集呢？要是它的子集不超過1 024個，我們就不能指望它搭配出比1 024種更多的錢數。

讓我們從頭算起：

空集，它的元素是0個，子集是1個，就是它自己——空集；

1個元素的集合，有2個子集：空集和它自己；

2個元素的集合，比方這兩個元素是甲、乙，它有4個子集：空，甲、乙，甲，乙。

添一個元素丙，變成3個元素的集合時，原來的4個子集還是子集，這4個子集分別配上元素丙，於是又多了4個子集，一共8個。

哈，我們又找到規律了：每加1個元素，子集的個數便翻一番！因為，原來有多少子集，配上這新來的元素，便又產生同樣多的新的子集，可不是正好加一倍嘛！

這樣，3個元素的集有8個子集，4個元素的集有16個子集，5個元素的集有32個子集，$n$個元素的集有$2^n$個子集。子集比集合的元素多得多！

10個元素的集合，它的子集的個數恰好是$2^{10}=1\ 024$，其中有一個空集。

所以，老伯伯把 10 元 2 角 3 分錢分成 10 包，用來搭配出 1 分到 10 元 2 角 3 分這 1 023 種錢數，實在是太巧不過了。要是只有 10 元錢，便沒有很好地利用這麼多的子集。如果把 10 元 2 角 5 分錢分成 10 包，無論怎麼包法，也搭配不出 1 025 種錢數來。

## 思考題

要是你有 3 元 4 角 7 分錢，請問分成幾個錢包，能配搭出的錢數最多？

# 有用的二進位

學習主任趙千，為了給大家辦理下半年的報刊預訂，畫了一張表。

每位同學，每種報刊，也許不訂，也許訂一份。這個表填起來很方便。只要看清報刊的排列順序，每人只要喊一聲就行了。張明說，我要的是 110101，趙千就知道，他除了《少年文史報》和《中學生》，另外 4 種都要訂。

| 姓名 / 份數 / 報刊 | 張明 | 萬有玉 | 李鐵 | 丁丁 | 王小玲 |
|---|---|---|---|---|---|
| 中國少年報 | 1 | 0 | 1 | 1 | 0 |
| 中學生學習報 | 1 | 1 | 1 | 0 | 0 |
| 少年文史報 | 0 | 1 | 1 | 0 | 0 |
| 我們愛科學 | 1 | 0 | 1 | 0 | 1 |
| 中學生 | 0 | 1 | 1 | 0 | 0 |
| 少年文藝 | 1 | 0 | 1 | 1 | 0 |

這裏的0是不可少的。比如王小玲只說個1，誰知道她訂哪一種呢？

6 種報刊組成一個集合，每人訂閱的，是一個子集合。用 1 和 0 的不同排列順序，來表示每一個子集合，是一個非常簡便的方法。

老伯伯買東西，從 10 個錢包裏取哪幾個，也可以用這樣的辦法來表示。

從下表可看出，要買價格為 3.49 元的東西，只要拿 6 包，代號是 0101011101；買 1.12 元的東西，要拿 3 包，代號是 0001110000。

| | 5. 12 | 2. 56 | 1. 28 | . 64 | . 32 | . 16 | . 08 | . 04 | . 02 | . 01 |
|---|---|---|---|---|---|---|---|---|---|---|
| 3. 49 | 0 | 1 | 0 | 1 | 0 | 1 | 1 | 1 | 0 | 1 |
| . 63 | 0 | 0 | 0 | 0 | 1 | 1 | 1 | 1 | 1 | 1 |
| 10. 11 | 1 | 1 | 1 | 1 | 1 | 1 | 0 | 0 | 1 | 1 |
| 1. 12 | 0 | 0 | 0 | 1 | 1 | 1 | 0 | 0 | 0 | 0 |

要是不以元為基本單位，而以分為基本單位，也就可以說，349 的代號是 0101011101，112 的代號是 0001110000。

這裏，1 的價值隨位置的變化而變化。最右邊的 1，就代表 1，第二個位置的 1 代表 2，第三個代表 4，第四個代表 8，越向左邊，越了不起。

可是，0 到了最左邊，反而沒用了，乾脆省掉。112 就用 1110000 表示，349 就用 101011101 表示。這樣用 1 和 0 排起隊來表示一個數的方法，叫做二進位記數法！

17~18 世紀的德國數學家萊布尼茲，是世界上第一個提出二進記數法的人。用二進記數，只用 0 和 1 兩個符號，可算是最簡單的記數法了。可是，大一點的數寫起來太長，39 要記成 100111，就麻煩了。再加上大家用慣了十進記數法，當然在日常計算中不願用它。

說來有趣，萊布尼茲發明了二進位，還發明了計算機，可是他的計算機並沒有用二進位，倒是現代的電腦，是用二進位來計算的。因為，通電和斷電，正好可以用 1 和 0 來表示。研究邏輯也可以用二進位，邏輯裏的是和非，恰好可以用 1 和 0 表示。還有不少數學理論和數學遊戲，用二進位也很方便。二進位的用處確實不小呢！

我們用十進位，電腦用二進位。這就需要把十進位的數，翻譯成二進位的數，才能送到機器裏去計算。

怎樣把一個十進位數字寫成二進位數字呢？方法很簡單：用 2 除，記下餘數；再用 2 除它的商，又記下餘數；直到商是 0 為止。把餘數自下而上依次排列起來，這就是一個十進位數字的二進位標記法。例如 715：

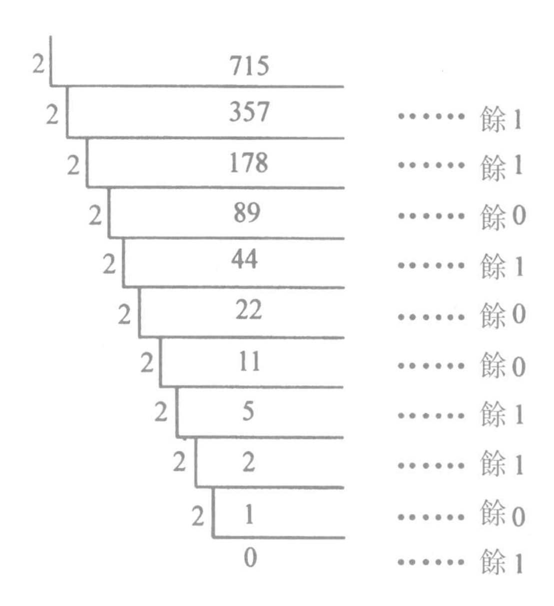


所以，715 的二進位標記法是 1011001011。

至於怎麼把二進位數字改成十進位數字，那就更簡單了。只要記着：二進位數字從右向左，依次乘以 1、2、4、8、16……然後把所得的結果加起來就行了。

# 用假選手湊數

用淘汰的方法舉辦乒乓球比賽，要是參加的人不多，輪空的人次好算；要是參加的人很多，輪空的人次就不好算了。

碰見數學難題，從最簡單的情況想起，往往能從中找到解題的思路和方法。現在的問題是問有多少人次輪空，那麼，最簡單的情況是沒人輪空。甚麼情況才沒人輪空呢？這容易想清楚。當參加比賽的人數是 2、4、8、16、32、64……時，才不會有人輪空。也就是說：選手數是 2 的正整次冪時，無人輪空。

要是這次乒乓球比賽共有 49 人參加，49 人不是 2 的正整次冪，一定有人輪空。要是再補上 15 名，湊夠 64 名，無人輪空，題就變得簡單了。為了方便研究，我們不妨補上 15 名吧。這 15 名算是充數的，個個簡直都不會打乒乓球，和那 49 名一打準輸，所以可以叫做假選手，那 49 名是真選手。

在編排比賽程序時，每輪比賽中，盡可能安排真對真；實在沒辦法，真的剩一個單，這才安排真假對陣。結果，當然是真的必勝，如同輪空一樣。

這樣湊數之後，表面上是不會有人輪空了，實際上，和假選手對陣的真選手，和輪空毫無差別。

也就是說，假選手碰真的人數，和我們要算的真選手輪空的人次，是一樣的！在它們之間，有一個一一對應的關係。

而且，計算假選手碰真的人數，比計算真選手輪空的人次數要簡單得多。這不只是因為假選手總要少一些，而且真選手輪空要留下來，假碰真卻要淘汰，計算時也方便一些。

拿剛才這 15 名假選手來說，碰真的人數是這樣算的：

15 除以 2 得 7，餘 1（1 人碰真）；

7 除以 2 得 3，餘 1（又 1 人碰真）；

3 除以 2 得 1，餘 1（又 1 人碰真）；

1 除以 2 得 0，餘 1（又 1 人碰真）。

於是馬上知道，有 4 人碰真。也就是真正的比賽中，一定有 4 人輪空。

你注意了沒有？計算碰真人數的過程，和把 15 表示成 2 進制數的過程一模一樣！而碰真人數，也就是 15 的二進位記數法中的 1 的個數！

一個簡潔有趣的答案出現了：用不小於選手人數的最小的 2 的方冪減去選手人數，差的二進位記數法中的 1 的個數，就是比賽中輪空的人次數！

例如：選手有 234 名，略比 234 大的 2 的冪是 $256(=2^8)$，$256-234=22$，22 用二進位表示是 10110，所以有 3 人次輪空；選手有 83 名，$128-83=45$，45 用二進位表示是 101101，所以有 4 人次輪空。

# 怎樣拿十五點？

小王和小丁在玩一種 15 點的遊戲。

玩法很簡單：把 9 張撲克牌——黑桃 A、黑桃 2……直到黑桃 9，隨便擺在桌子上，兩個人輪流拿牌，1 次 1 張；誰手中的 3 張牌，首先加起來是 15 點，誰就勝了。

小丁先拿，拿了一張 5；小王後拿，拿了一張 7。接着，小丁拿了個 2，要是再拿個 8，就 15 點了。於是，小王趕快把 8 拿到手。

接着，小丁拿了 9。此時小丁手裏有 2、5、9 三張牌，桌子上還有 1、3、4、6 四張牌。在這種情況下，小王要是拿 1，小丁就拿 4，有 $2+9+4=15$；小王要是拿 4，小丁就拿 1，有 $9+5+1=15$。所以，小丁一定可以勝利。

兩人玩了多次，小王總是不能取勝，最多是和局，兩人都拿不到 15 點。

最後，小王問小丁，你老贏不輸的竅門在哪裏？

小丁說：我先不告訴你。我們再來玩三子棋，你邊玩邊想。

三子棋的玩法也很簡單。棋盤像一個「井」字，兩人分別執黑白子輪流往這 9 個格子裏下子，誰先把 3 個子擺在一條直線上（橫、豎、斜都可以），便勝利了。

還是小丁先下。第一盤，小王執黑下到第6步，就發現無法擋住小丁的勝利。不過，小王很快就掌握了下三子棋的竅門，再也不敗了。

小丁說：你會下三子棋，也就會玩15點，肯定不會再輸了。

小王開始不明白，想了一會兒，恍然大悟：呵，原來15點和幻方有關係。

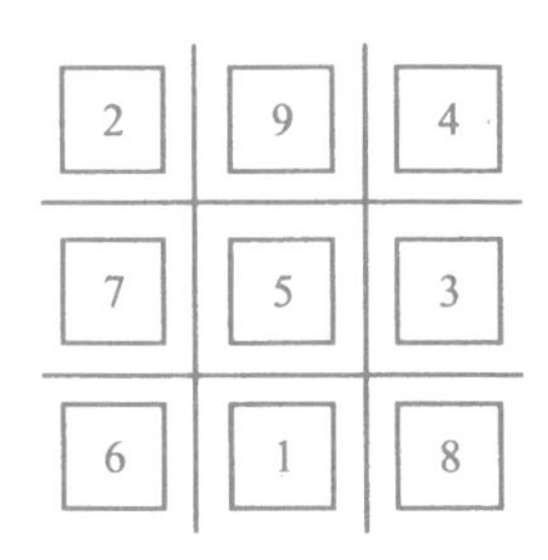


| | | |
|---|---|---|
| 丁 3 ○ | 丁 5 ○ | 丁 7 ○ |
| 王 2 ● | 丁 1 ○ | |
| | 王 6 ● | 王 4 ● |

把9張牌，按橫、豎、斜3張的和都是15，擺到井字形的9個方格裏，拿15點的竅門就明顯了。想叫3張牌相加得15點，相當於拿一條直線上的3張牌。從某個格裏拿去1張牌，換上1個石子，拿15點遊戲就變成了下三子棋。反過來，每下1個石子，就把石子那裏的

牌拿出來，三子棋又變成 15 點遊戲了。這樣，兩種遊戲就是一回事了。

儘管兩種遊戲的道理一樣，可是下三子棋的竅門，要比拿 15 點容易掌握。小丁用下三子棋的竅門來玩 15 點的遊戲，當然就老贏不輸了。

這是一個例子，它告訴我們：利用一一對應，有時能把複雜的問題，變得簡單一些！

## 思考題

請你研究一下這個遊戲的取勝方法：剪 9 張紙片，在上面分別寫上 65、77、85、133、210、286、561、646、741；然後，兩人輪流拿走 1 張紙片，誰先拿到有同一因數的 3 個數為勝（例如 77、210、133 都有因數 7）。你能把它和三子棋聯繫起來嗎？

# 數學一大法寶

一一對應，可以用來計數，可以用來比較 2 個集合裏的元素的多少。一些東西不好計數，例如牛羊，另一些東西好計數，例如手指，可以把不好計數的牛羊和好計數的手指一一對應一下，就變得好計數了。

用貼標籤、編號碼等方法，還可以把混亂的集合和有秩序的集合一一對應，使混亂的集合變得有秩序。成千上萬的各種車輛，分類、編號、登記、掛牌，一有事情，按牌查對，很快就找到了車主。

集合甲：1、2、4、8、16、32、64……

集合乙：0、1、2、3、4、5、6……

把它們的元素按上面的順序一一對應起來，能使乘法變加法。

比如在甲集合裏，4、8、32 三個數之間有一種關係，叫做 $4\times8=32$。對應到乙集合裏，4 對 2，8 對 3，32 對 5，2、3、5 三個數之間也有一種關係，就是 $2+3=5$。

這樣一一對應，把甲集合的乘法關係，變成了乙集合的加法關係，也就化難為易了。

在 15 點遊戲裏有 9 個數，在三子棋遊戲裏有 9 個點（位置），把它們來個一一對應：3 個數和為 15，對應的 3 個點就在一條線上。3 個數和為 15 的變化很多，不是一眼就能看出來的；三點一線，卻一目了然。這種一一對應，找到了 2 種關係在結構上的共同之點，就能化繁為簡，化隱蔽為明瞭。

像這種能把甲集合裏的一種關係，變成乙集合裏的另一種關係的一一對應，叫做「同構」。同構是數學裏的一個十分重要的概念，十分有用的方法。對數就是同構的一種應用。

一一對應，看來簡單，用處很大，是數學中的一大法寶！

# 想一想再回答

正六邊形是一種很重要的圖形。它有點像一朵美麗的雪花，有不少有趣的幾何性質。

在紙上畫一個正六邊形，又畫一條直線 $l$，從 6 個頂點向 $l$ 引垂線，得到幾個垂足？

當然是 6 個了，1 個頂點有 1 個垂足嘛。

不要忙，想一想再回答。一想，你明白了，也許是 3 個，也許是 4 個，當然，也會是 6 個。

在右邊那個圖上，由點 $A$、$B$、$C$、$D$、$E$、$F$ 組成的集合，和它們的垂足 $M_1$、$M_2$、$M_3$、$M_4$、$M_5$、$M_6$ 組成的集合之間，是一一對應的關係。每個頂點只有 1 個垂足，每個垂足也只和 1 個頂點對應；6 個頂點，6 個垂足。

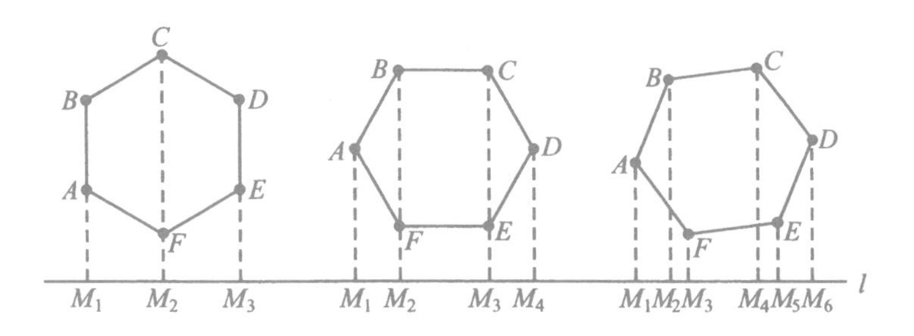


左邊那個圖就不同了，雖然每個頂點，還是只有 1 個垂足；反過來就不是這樣了，每個垂足，和 2 個頂點對應。

中間的圖，$A$ 和 $M_1$ 對應，$B$、$F$ 都和 $M_2$ 對應……每個頂點，仍然只有 1 個垂足，可有的垂足和 1 個頂點對應，有的垂足和 2 個頂點對應。

這個例子告訴我們：數學中的對應，並非都是一一對應的；同一個問題中，既會出現一一對應，也會出現其他的對應！

這 3 個圖所表示的對應關係，雖然大不相同，可又有相同之點：每個頂點，都有一個而且只有一個垂足。

這類對應，叫做集合到集合的「映射」。

一般說，甲、乙兩個集合，要是對甲集中的每一個元素都指定了乙集中的一個元素和它對應，這種對應關係，便叫做映射。

比如這裏有一堆蘋果，又有一排筐子，給你一個任務：把所有的蘋果都裝到筐子裏，當你裝完之後，你就建立了從蘋果集合到筐子集合的一個映射。

因為，每個蘋果確確實實都和 1 個筐子對應起來了。你能把 1 個蘋果裝到 2 個筐裏去嗎？當然不能。

要是每個筐子裏都有蘋果，這個映射叫做「滿射」。

要是 1 個筐子至多裝 1 個蘋果，這個映射叫做「單射」。

要是個個筐子裏都有蘋果，而且都只有 1 個蘋果，這種映射就叫做一一對應了。

一一對應也是映射，是既「滿」又「單」的映射，是特殊的映射。

可見，映射這個概念，比一一對應更廣泛！

# 猴兒水中撈月

你知道猴子撈月的故事嗎？猴子把月亮在水中的映射，當成真的月亮了。

不過，只要不把映射當成真的月亮去撈，從水中的映射，還是可以看出月亮究竟是個甚麼樣子的。甚至在很多場合，看虛的映射，比直接看實物反而更有用，也更方便。

汽車駕駛室兩旁，總有兩個微凸的鏡子。沒有它們，駕駛員就無法看到車旁和車後的人和車了。

刮臉的人看不見自己的下巴，只有把下巴映射到鏡子裏，才能看着下巴，來掌握手中的刮臉刀。

在望遠鏡和顯微鏡裏面，看到的都是景物的映射。這樣看映射，看得更細、更遠。

數學裏的映射，也有類似的情況。

多邊形的模樣變化萬千，哪個大，哪個小呢？這就要算一算它們的面積是多少了。甚麼是面積呢？面積是一個數。每個多邊形有一個確定的面積，也就是對應了一個數。這就是從多邊形集合到數集合的一個映射。有了這個映射，就能比較多邊形的大小。

同樣，每個角有一個度數，這也是映射。

每個二次方程有一個判別式，判別式是一個數。根據這個數是正、是負還是 0，可以判斷對應的方程有不同的實根、複根還是重根。二次方程與判別式的對應關係，也是一種映射。

還有圓與圓心的對應，是圓集合到點集合的一個映射；圓與它的周長的對應，也是一種映射。

多項式和它的次數的對應，是多項式集合到自然數集合的一個映射。

平面上的點與它的座標的對應，是點集合到數對集合的映射。這是個一一對應。

每個無理數都是無限不循環小數，我們取四位有效數字，得到了它的近似值，無理數和它的這個近似值之間的對應關係，是無理數集合到有理數集合的一個映射。

每個正整數都有一個尾巴。54 的尾巴是 4，129 的尾巴是 9，1983 的尾巴是 3，數和它的尾巴的對應，是從正整數集合到 1、2、3、4、5、6、7、8、9、0 的一個映射。利用這個映射，容易證明是無理數：

因為，要是 $\sqrt{2}$ 不是無理數，就有既約分數 $\frac{m}{n}$，滿足 $\sqrt{2}=\frac{m}{n}$，也就是 $2n^2=m^2$。你一算就知道，平方數的尾巴只能是 1、4、6、9、5、0；而平方數的二倍，它的尾巴只能是 2、8、0。等式兩邊的尾巴應當相同，這說明 $2n^2$ 和 $m^2$ 的尾巴都是 0。可是，這樣的 $n$ 和 $m$ 就有了公因數 5，與假設不相符合了。所以，這樣的 $\frac{m}{n}$ 是不存在的。這就證明了 $\sqrt{2}$ 是無理數。

在數學裏，映射真是無處不在啊！

# 到處都有映射

小孩子開始學說話的時候，往往有一個重大的發現：原來世界上萬物都有名稱。於是，他產生一種強烈的願望，要知道他所見到的一切東西的名稱。因為不知道名稱，就沒法說話，就沒法提出各種要求。

這是甚麼呀——椅子；

這是甚麼呀——汽車；

這是甚麼呀——小貓。

知道了名稱之後，他往往心滿意足，好像知道了這個世界的一切。

甚麼是名稱呢？這是實物集合到聲音符號集合的映射。

他還會發現許多映射：

街道有名稱，住戶有門牌，商店有招牌，商品有商標。

人有姓名，大人有工作證，小孩有學生證，每個人都有生日……

不只小孩子在學習映射，就是你在學校學習各門功課，也都在學習映射：

在歷史課上，每個歷史事件對應它發生的原因、年代……

在地理課上，每個省區有它的特有物品出產、人口數……

在化學課上，每種元素對應它的原子量……

我們在學校學的一切知識，無非是說明事物之間的相關聯繫，而這種聯繫，幾乎都可以用映射來表述！

# 為甚麼算得出？

知道了正方形的周長，就能算出它的面積。

為甚麼能算得出來呢？因為正方形周長和它的面積這兩個數量之間有聯繫。

有聯繫，是不是就一定算得出來呢？

長方形的周長和它的面積之間有沒有聯繫呢？總不能說沒有。可是，知道了長方形的周長，你卻算不出它的面積來。

可見，光有聯繫，不一定算得出來，還必須有確定性的聯繫。

正方形的周長可以確定它的面積。它們之間，就有確定性的聯繫。長方形的周長和面積之間雖然也有聯繫，可這種聯繫不是確定性的聯繫。

這種反映兩種量的確定性聯繫的數學關係，叫做函數關係。

正方形的周長 $l$ 給定了，它的面積 $S=\left(\frac{l}{4}\right)^2$ 就確定了。也就是說，$S$ 是 $l$ 的函數。

圓的面積 $S$ 是它的半徑 $r$ 的函數。因為 $S=\pi r^2$，知道了 $r$ 的值，$S$ 就隨之確定了。反過來，圓的半徑 $r$ 也是面積 S 的函數。

學三角，給了角度 $A$，$\sin A$ 便唯一確定了，所以 $\sin A$ 是 $A$ 的函數。

$x$ 的絕對值 —— $|x|$ 是甚麼呢？有些同學總說不明白。用函數概念，可以說清楚：$|x|$ 是 $x$ 的一個函數，當 $x\geq 0$ 時，$|x|=x$；當 $x<0$ 時，$|x|=-x$。總之，給了 $x$，$|x|$ 便確定下來了。所以，我們說 $|x|$ 是 $x$ 的函數。

總之，函數是指兩個量之間的確定聯繫，其中的一個量決定另一個量。決定人家的量叫自變量，被人家決定的量叫因變量，也叫做函數。自變量在某個數集合裏取值，因變量——函數也在對應的數集合裏取值。

對了，函數也是映射，是數集合到數集合的映射：

函數概念，是映射概念的特殊情形；

映射概念，是函數概念的推廣！

在歷史上，很多數學家說不清甚麼是函數，總覺得函數都應該用公式表示，或者用曲線表示。後來，才取得了一致的意見：函數，就是數集合到數集合的映射！這是德國數學家迪理赫勒的功勞。

# 0 和 1 的寶塔

$(x+y)^2=x^2+2xy+y^2$，

$(x+y)^3=x^3+3x^2y+3xy^2+y^3$。

那麼，$(x+y)^4$、$(x+y)^5$、$(x+y)^6$……展開之後，各項的係數又是甚麼呢？

很多書上介紹了這個二項式係數三角表：

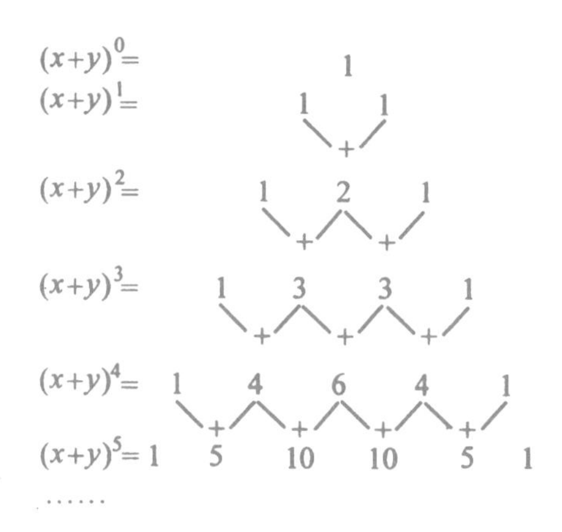


這個三角形數表，是中國北宋數學家賈憲首先提出來的，人們稱為「賈憲三角」，西方稱其為「帕斯卡三角」，但實際上，歐洲人要比賈憲晚 600 年。

這些數有個有趣的性質：它的第 1、2、4、8、16……行上的各個數，全都是奇數；而別的各行，全都含有偶數。

這是碰巧呢，還是有規律？用一下映射的技巧，容易把它弄清楚。

先規定一下：偶數和 0 對應，奇數和 1 對應，這是一個映射。

再規定一下：偶數加偶數，得偶數，所以 0+0=0；偶數加奇數，得奇數，所以 0+1=1，1+0=1；奇數加奇數，得偶數，所以 1+1=0。

把二項式係數表上的偶數換成 0，奇數換成 1，得到一個 0 和 1 組成的金字塔。按照剛才規定的加法，這個金字塔中從上到下的規律，和原來的三角形數表的規律是一致的：

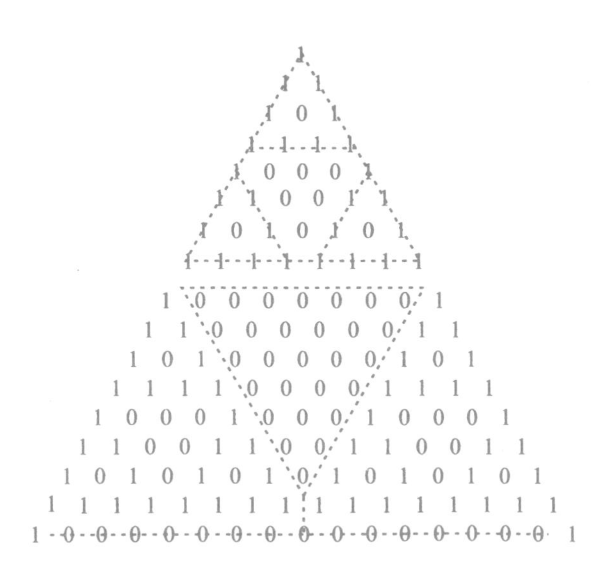

這樣一映射，我們可以看出道理來了：從第 4 行全是 1，可知第 5 行中間全是 0；5、6、7 三行的中部，出現了一個由 0 組成的倒金字塔，也就是說，5、6、7 這三行中，不可能都是奇數；第 5 行兩端的兩個 1，按照前面 1~4 行的發展規律，到第 8 行就全部變成 1 了，這說明二項式金字塔的第 8 行，全是奇數。

同樣的道理，第 16 行的二項式係數全是奇數，而 9~15 行裏，每行都有偶數。

再往下去，第 32、64、128、256……這些行都是奇數，其他行裏總有偶數。

要是不用映射，只看原來的那個三角形數表，這規律就不那麼醒目了！

# 映射產生分類

研究問題，處理事情，常常要分類。

成千上萬的字，不按拼音、偏旁分類，查字典就不好辦。電話號碼本，不分門別類，打電話就不好查。

研究動、植物要分類，醫院看病要分科，百貨公司的商品要分櫃……映射，可以幫助我們分類。

按中國的民間習俗，每人對應一個屬相，這樣，按十二生肖就可以建立人到動物的一個映射。這個映射把人分成了 12 類。

在上一節裏，我們把偶數和 0 對應，奇數和 1 對應。於是，對應於 0 的是一類，對應於 1 的是另一類。

每個數用 9 除，得 1 個餘數，這個數到它的餘數的對應，是一個映射。映射到同一個數的，也就是餘數相同的，屬於一類。這就把無窮無盡的自然數，分成了簡簡單單的 9 類。

二次方程對應它的判別式，而判別式又對應它的正負號。這兩個映射，把方程分成了 3 類：判別式大於 0、小於 0 和等於 0。

圓到它的圓心的對應，把圓分成很多族，每族有共同的圓心。

分類，用集合的語言來說：把一個集合 $A$ 的元素分類，就是找出一些兩兩不相交的子集，這些子集的併集等於 $A$。要是把這裏的每個子集當成一個元素，組成一個集合 $B$，這就自然地形成一個從 $A$ 到 $B$ 的映射：$A$ 的每個元素，和它所在的子集對應。

這樣看來，不僅映射產生分類，而且分類也可以產生映射！

# 一樣不一樣呢？

爸爸在家裏教小明學會了「小」字。到了街上，爸爸指着小吃店的招牌上的「小」字問他，這是甚麼字？小明說不認識。爸爸說，那不是剛學過的「小」字嗎？小明說，這個「小」字和我學的那個不一樣，那個小，這個大得多！

這個笑話之所以成為笑話，就是因為大家都知道：一個字寫得大些、小些，都是同一個字。

中國國旗上的大五角星和小五角星，一不一樣呢？

說一樣，對。它們都有 5 個角，5 個角都是 36°，顏色都是黃的。

說不一樣，也對。一個大，一個小嘛。

在數學裏，這個矛盾就能解決了：這兩個五角星是相似的，但不是全等的！

在日常生活中，「一樣」有時表示全等，有時表示相似，有時表示某些方面有共同點。

在數學裏説全等，得滿足三條：

（1）$\Delta I \cong \Delta I$（自己和自己全等——反身性）；

（2）$\Delta I \cong \Delta II$，則 $\Delta II \cong \Delta I$（對稱性）；

（3）$\Delta I \cong \Delta II$，$\Delta II \cong \Delta III$，則 $\Delta I \cong \Delta III$（傳遞性）。

在數學裏，説相似也得滿足三條：

（1）$\Delta I \sim \Delta I$；

（2）$\Delta I \sim \Delta II$，則 $\Delta II \sim \Delta I$；

（3）$\Delta I \sim \Delta II$，$\Delta II \sim \Delta III$，則 $\Delta I \sim \Delta III$。

要是在某個集合裏，規定了 2 個元素之間的某種關係滿足這 3 條，便叫做「等價關係」。$=$、$\cong$ 和 $\sim$ 都是等價關係。

兩個數用 9 除餘數相同，叫做模 9 同餘，這也是一個等價關係。

$>$、$<$ 和 $//$ 都不是等價關係。在集合之間，$\in$ 和 $\subseteq$，也不是等價關係。

有一個等價關係，就可以分類，彼此等價的屬於一類，這叫做劃分等價類。

日常所説的「一樣」，含意的變化雖然很多，可是不管用在甚麼地方，本質上是等價：

第一，一個事物總應該和自己一樣；

第二，甲和乙一樣，那乙和甲一樣；

第三，甲和乙一樣，乙和丙一樣，那甲和丙一樣。

不滿足這 3 條，「一樣」這個詞就用得不恰當。

回到開始的笑話上來。我們認為兩個字是一樣的，實際上是把字分了類：不論大小，是毛筆寫的，鋼筆寫的，鉛字印的，書法優劣，只要是筆畫結構相同，都歸入一類。同一類的，算是一樣的！

# 應用抽屜原則

現在有 10 個蘋果，9 隻筐子，要把蘋果裝到筐子裏，你就不可能使每個筐裏只裝 1 個蘋果；至少有 1 個筐子，裏面裝了 2 個或者更多的蘋果。

這也就是說；甲集合的元素比乙集合的元素多，那從甲集到乙集的映射，絕不可能是一對一的！在乙集中，一定有這樣的元素，它同時被甲集中的 2 個或者更多的元素所對應。

還可以這樣說：把許多東西分成許多類，要是類數比東西數少，一定會有一類裏面不只一件東西。

人們把這個顯而易見的事實叫做抽屜原則。它也叫做鴿籠原理、郵箱原理和重疊原則。

這麼簡單的事誰不知道，又是甚麼原則、原理的，好像很了不起的樣子。

你千萬不要小看了這個既平常又簡單的道理。許多有趣的難題，都可以用抽屜原則來解決。

一個村莊有 400 人，他們中總會有 2 個以上的人在同一天過生日，這是甚麼道理呢？

道理就是抽屜原則。把一年 365 天，當成 365 個抽屜，把 400 人分放到 365 個抽屜裏，總有些抽屜裏超過 2 個人。

中國有十多億人口，你能不能肯定：總能找出1萬個人，他們的頭髮根數一樣多？

道理仍然類似。人的頭髮不到10萬根，把十多億人按頭髮數分成不到10萬組，總有一組，人數超過萬人。不這樣，加起來就不到10億了。

也許你覺得上面2個題目太簡單了，那麼，請看下一個：

你能把44張紙牌分裝在10個信封裏，使每2個信封裏裝的牌不一樣多嗎？

答案是不行。你只要計算一下

$0+1+2+3+4+5+6+7+8+9=$？便可以回答這個問題。

下面這個問題更難一點：

在邊長為1的正三角形裏有5個點，求證：其中總有2個點，它們的距離不超過$\frac{1}{2}$。

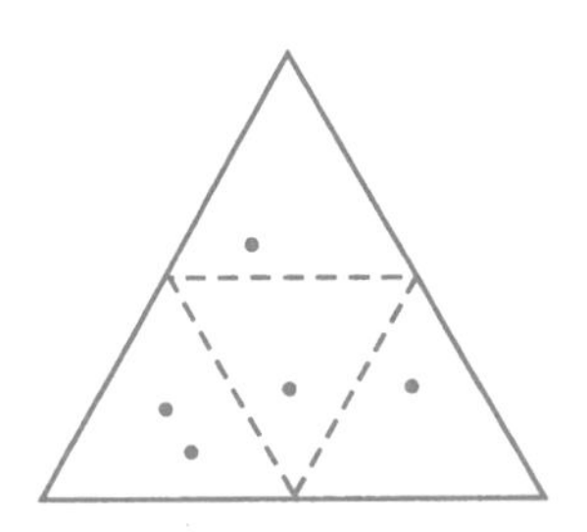

要解決這個問題：第一步，把正三角形分成4個一樣的小正三角形；第二步，證明在正三角形內任取2點，它們的距離不會超過小正三角形的邊長。

利用抽屜原則，這 5 個點必有 2 點在一個小正三角形內，而在一個小正三角形內的 2 點，它們的距離不會大於邊長。也就是不大於原正三角形邊長的 $\frac{1}{2}$ 。

## 思考題

1. 求證：在圓內任取 7 個點，其中總有 2 點，它們的距離不超過圓的半徑。把 7 改為 6 呢？

2. 從 1、2、3、⋯、100 這 100 個數中，任取 51 個，其中必有 1 個是另 1 個的整數倍，為甚麼？

# 伽利略的難題

伽利略是16~17世紀的意大利物理學家。他對自由落體的研究，至今是物理教科書的重要內容。可是，很多人不知道，他曾經提出過一個非常有意義的數學問題。

這個問題就是：是自然數多呢，還是完全平方數多？

要知道，自然數

1、2、3、4、5……

是無窮無盡的；而它們的平方數

1、4、9、16、25……

也是無窮無盡的。這兩串無窮無盡的數，能不能比較它們的多少呢？

這確實是一個大膽的問題。伽利略提出了這樣一個別開生面的問題，並試圖去解決它，真不愧是一個思想解放的偉大科學家。他那時是這樣想的：

一方面，在前10個自然數中，只有1、4、9三個平方數；在前100個自然數中，只有10個數是平方數；在前1萬個自然數中，只有100個數是平方數……可見，完全平方數只是自然數的很少的一部分。在前100萬個自然數中只有1,000個平方數，只佔0.1%，而且到後來還會更少。

可是，每個自然數平方一下，就得到一個平方數；而這每個平方數加上個開方號，就是全體自然數。難道$1^2$、$2^2$、$3^2$、$4^2$、$5^2$……會比1、2、3、4、5……少嗎？一個對一個，一點也不少呀！

伽利略感到困惑了。他沒有找到解決的辦法，把這個問題留給了後人。

你看，伽利略的思考是很具體、很細微的。可惜，他在考慮這個問題之前，沒有確定一個標準：甚麼叫做一樣多？甚麼叫做這一堆比另外一堆多？

連個標準都沒有，怎麼能得出正確的解答呢。

# 康托爾的回答

伽利略提出的問題，並沒有受到人們的重視。大家似乎認為：無窮多和無窮多的比較，是一個沒有意義的問題。

200 多年之後，德國數學家康托爾創立了集合論，並且重新研究了無窮集之間元素個數的比較問題。

康托爾吸取了伽利略在這個問題上的失敗教訓，一下子抓住了問題的關鍵：甚麼叫做 2 個集合的元素一樣多？

回答只能有一個：能夠一一對應就是一樣多！這個回答，其實連原始部族的人也知道。不過，他們是用一一對應的方法，來比較有窮集的大小；而康托爾要把這個標準，推廣到無窮集之間的比較。

有人覺得，比較有窮集的大小有兩個方法：一個方法是一一對應；另一個方法是數一數。其實，數一數，也是一一對應。

為甚麼呢？你看小孩子怎樣數蘋果：當他喊着「1」的時候，用手指指住 1 個蘋果；喊「2」的時候，又指 1 個，這不是把蘋果和數一對一地對應起來了嘛。所以，判斷 2 個有窮集的元素個數是否相等，只有一個方法：看它們能不能一一對應。

康托爾認為：看兩個無窮集元素是不是一樣多，標準也只能有一個，這就是看它們之間能不能建立一一對應。能建立一一對應，就應當承認它們是一樣多的。

有了標準，事情就好辦了。

每個自然數肩膀上添一個小小的「2」，就變成了平方數。自然數和平方數之間就有了明顯的一一對應關係：

1、2、3、4、5……

$1^2$、$2^2$、$3^2$、$4^2$、$5^2$……

我們只好承認：自然數和完全平方數一樣多！

伽利略也許想不到，他的問題的答案，竟是如此的簡單。

是呀，很多問題，當我們知道了它們的答案時，都似乎變得簡單了。

也許你對康托爾的答案不服氣，因為完全平方數不過是全體自然數的一部分，而且是很小很小的一部分，難道整體可以和它的很小很小的一部分一樣多嗎？

你儘管反對，康托爾卻滿不在乎。

他心平氣和地回答：無窮集可以和它的一些子集建立一一對應，這沒有甚麼奇怪。這正是無窮和有窮不同的地方！你既然同意把一一對應作為一樣多的標準，就不應當反悔呀。反悔也可以，只要你能提出比一一對應更合理、更有說服力的標準。

可是，誰也提不出更好的標準。

只要你想問兩個無窮集的元素是不是一樣多，就得引進這唯一的標準，就只好承認由此而來的、和我們的習慣不符的怪現象！

# 怪事還多着呢

自然數和完全平方數一樣多，你覺得是件怪事。可是，怪事還多着呢。

根據能一一對應就算一樣多的標準，許多出乎意料的怪事出現了。

照我們直觀的想像，有理數要比自然數多。因為，在數軸上，有理數密密麻麻，到處都是；自然數稀稀拉拉，哪有有理數多呢！

事實上，可以把有理數排成一隊：

首先是0，然後是±1，再後面是±2、$\pm\frac{1}{2}$，然後是±3、$\pm\frac{1}{3}$，然後是±4、$\pm\frac{1}{4}$、$\pm\frac{3}{2}$、$\pm\frac{2}{3}$，然後是±5、$\pm\frac{1}{5}$，下面是±6、$\pm\frac{1}{6}$、$\pm\frac{2}{5}$、$\pm\frac{5}{2}$、$\pm\frac{4}{3}$、$\pm\frac{3}{4}$……

你看出這種排隊方法的訣竅了嗎？

要知道，有理數都可以寫成既約分數，而分數有分子和分母，我們把分子分母相加，得到1個子母和，子母和小的，站隊站在前面，子母和大的，站在後面。這樣一個挨一個，我們便把全體有理數排成一隊了。

排了隊，報數！1、2、3、4……順次和自然數一對一地對應起來。這就證明了：有理數看來聲勢浩大，其實沒有甚麼了不起，不過和自然數一樣多罷了！

按照一一對應標準，三角形中位線上的點，和底邊上的點一樣多；

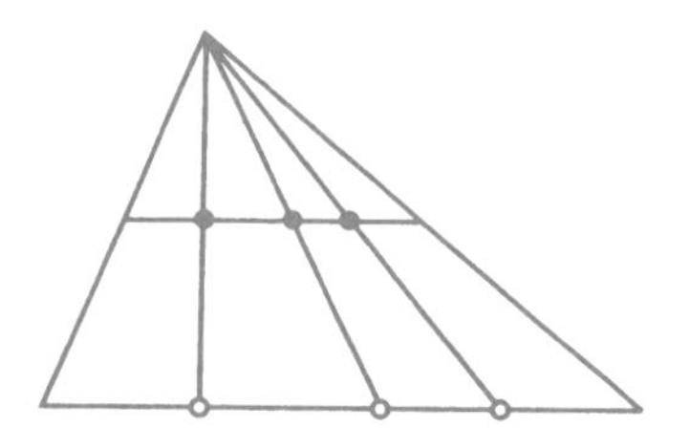

半圓周上的點，和直徑上的點一樣多；

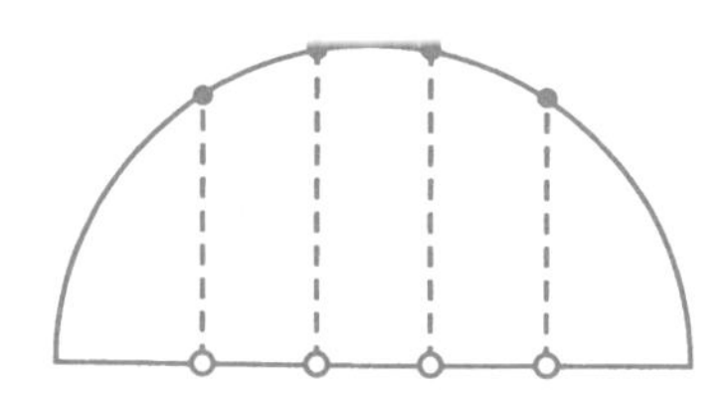

半圓周上的點，和無限長的整條直線上的點一樣多！

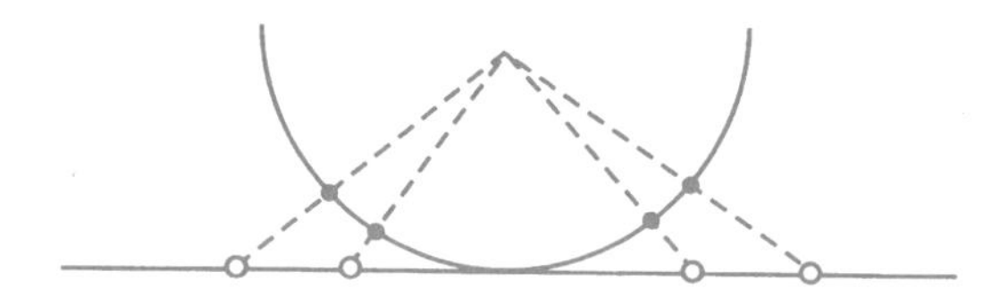

那麼，1 毫米線段上的點，豈不是和無限長的直線上的點一樣多了嗎？是的，確實一樣多！

還有令人更為驚奇的呢，按照一一對應的標準，竟能得出這樣的結論：隨便多麼短的線段上的點，竟和整個平面上的點一樣多，和整個空間裏的點一樣多！

因為這些不符合直觀印象和習慣的怪結論，康托爾的集合論受到了許多人的攻擊，連他的老師克朗南格都激烈地反對他。可是，康托爾並沒有屈服，他在激烈的論戰中捍衛自己的正確觀點，直到因過度勞累得了精神病而逝世。

隨着時間的飛逝和科學的發展，康托爾創立的理論，越來越受到人們的重視。現在，集合論已成為現代數學大廈的基礎！

# 無窮集的大小

剛才，我們知道了：密密麻麻的有理數，和稀稀拉拉的自然數一樣多；小小一段直線上的點，和無邊無際的宇宙空間裏的點一樣多。

是不是所有的無窮集裏的元素都一樣多呢？要是統統一樣多，無窮集的比較也就沒有意義了。反正都一樣，還比甚麼呢？

有趣的是，偏偏不是這樣。例如一段直線上的點，就比全體自然數多。也就是說，誰也不能把一段直線上的點，一個一個地排成隊，使它們和自然數一一對應起來！

要是有一個人宣稱，他已經把一段直線上的點排成了隊：

$a_1$、$a_2$、$a_3$……

我們馬上就能指出他的錯誤：

假定這段直線長為 $l$，我們可以把 $a_1$、$a_2$、$a_3$……一個一個地從這段線上挖掉。要是所有的點都排在這個隊伍裏了，那麼，我們就能把這個線段挖得甚麼也不剩！

第一步，挖掉一段長為 $\frac{l}{4}$，包含了 $a_1$ 的線段；第二步，挖掉長為 $\frac{l}{8}$，包含了 $a_2$ 的線段；然後是包括 $a_3$ 的、長為 $\frac{l}{16}$ 的一段；下面輪到 $a_4$，只挖掉包含它的、長為 $\frac{l}{32}$ 的一段。

因為不論 $n$ 多麼大，

$$\frac{l}{4}+\frac{l}{8}+\frac{l}{16}+\frac{l}{32}+\ldots+\frac{l}{2^n}<\frac{l}{2}\ ,$$

所以，即使把 $a_1$、$a_2$、$a_3$……這無盡的一排都挖完，挖掉的長度還是不會超過 $\frac{l}{2}$ ，剩下的點還多着呢！

可見，$a_1$，$a_2$、$a_3$……這一列數中沒有包含線段上所有的點。

我們就這樣否定了把線段上的點，和自然數一一對應的可能。它們不是一樣多的！

很明顯，線段上的點不會比自然數少。因為我們可以很容易從中取出一些來和自然數對應。結論：線段上的點比自然數多！

有沒有一個無窮集，它的元素最多，比任何集的元素都多呢？

回答是沒有。任何集合 $A$，它的所有的子集的數目，總比 $A$ 的元素要多。這是康托爾的一條有名的定理。

無窮多的等級是無窮的。沒有最大的自然數，也沒有最大的無窮！

研究無窮的比較和運算的數學，叫做超限數論。最小的無窮集就是自然數集。

# 平凡中的寶藏

集合的思想，原來是極其平凡而又非常簡單的東西。這裏面，沒有複雜的公式、美妙的曲線、難解的方程、新奇的圖案。它平凡得使人不注意它，而一旦注意了它，從中發掘，便能發現無盡的寶藏！

蓋高樓大廈，用得最多的，是普通的磚、石和鋼筋、水泥。

簡單的東西是原料，而原料是可以做成各種各樣的成品的，所以用途最廣。做成了成品，用處固定下來，能用的地方就不多了。在數學裏，集合的思想，一一對應的思想，以及其他基本的概念和公式是原料，所以用處最大！

在現在的世界上，人們發愁的不是缺少高精尖的儀器和設備，而是能源和原料的不足。

在學習中，特別是學習數學的時候，有些同學往往只重視解難題，學技巧，找絕招，而忽視了基本概念、基礎知識的理解和運用。這樣陷入題海，即使一時分數上去了，好像是解題的本領提高了，結果卻是沙上建塔，不可能很高。

讀了這本小書，要是你從此更加喜愛集合，並且重視琢磨和掌握數學中的基本概念和基礎知識，那將是一大收穫！

# 歷史令人神往

在這最後一節裏，講個驚人的故事給你聽。這就是羅素悖論，它使集合論和整個數學發生了一次嚴重的數學危機。

有一個村莊，住着一位理髮師。他有一個約定：給村裏所有自己不刮臉的人刮臉，可是不給那些自己刮臉的人刮臉。

試問：他應不應當給自己刮臉呢？

要是說，他不給自己刮臉，他就是一個自己不刮臉的人，按約定，他就應當給自己刮臉。

反過來，要是他給自己刮臉，他就是一個自己刮臉的人，按約定，他就不應當給自己刮臉。

總之，他陷入了兩難的境地：給自己刮臉不對，不給自己刮臉也不對！

像這樣正面不對，反過來也不對的話，叫做悖論。悖論和「白馬非馬」那樣的詭論不一樣。在詭論裏，包含有邏輯上的錯誤；而在悖論裏，我們卻找不出甚麼地方錯了！

這個著名的理髮師的悖論，是英國哲學家、數學家羅素提出來的。

這個悖論很有趣。可是，它和集合論又有甚麼關係呢？

人們常說，數學是科學的基礎，而集合論又是公認的現代數學的基礎。大家都希望這個基礎堅實可靠，千萬不要出甚麼問題才好。

可是，就在集合論的創始人康托爾還健在的時候，人們就發現這個基礎有令人擔心的裂縫。這裂縫就是羅素悖論。

19 世紀末，集合論已取得了相當大的成就，形成了一個獨立的數學分支。這時，德國邏輯學家弗里茲完成了他的重要著作《算法基礎》第二卷。在這本書裏，他以集合論為整個數學的基礎，搞了一套自以為很嚴密的理論體系。這本書在 1902 年付印之時，他收到了羅素的一封來信。羅素用一個悖論指出：看來結構嚴密的集合論，卻包含着矛盾！

當時，普遍認為，滿足一定條件的一切東西 $x$，可以組成一個集合。至於是甚麼條件，倒沒有加以限制。這也就是允許用集合的記號：

$$A=\{x \mid x\text{ 滿足}\cdots\cdots\}$$

來定義一個集合。這種定義的合理性，大家都承認了，稱之為「概括公理」。

既然有概括公理，羅素就利用這個公理，引進了一個奇怪的集合，結果總是矛盾。理髮師的悖論，就是這個集合的通俗化了的翻版。

弗里茲收到羅素的信之後說：最使一個科學家傷心的，是在他的工作即將完成之際，卻發現基礎崩潰了。可見這封信對他的打擊有多大！

羅素的信一發表，就引起了當時數學界和哲學界的震動。這是因為，羅素悖論來自作為數學基礎的集合論內部，推理簡單明瞭，毫不含糊，用的正是數學家常用的推理方法。大家一時找不出問題所在，於是疑雲四起，不僅懷疑集合論，甚至也對整個數學提出了懷疑！

為了清除這個悖論，羅素寫了厚厚的一部書。可是，他的理論太複雜了，大部分數學家都不歡迎。

數學家策墨羅，提出了限制集合定義的辦法，來消除這個悖論。他主張，並不是隨便甚麼條件都可以定義集合，而只允許從一個集合裏分出一個子集合。他的理論比較簡單，得到大多數數學家的贊同。

另外，數學家貝爾奈斯等人，也提出了一個公理系統，它也可以消除羅素悖論。

總之，羅素悖論刺激了集合論和整個數學的發展。經過一番大爭論，很多問題弄得更清楚了，很多新的理論建立起來了！

經過大家的努力，羅素悖論被消除了。可是，將來會不會出現新的悖論呢？能不能一勞永逸地消除一切悖論，證明數學的理論基礎是和諧完美、永不自相矛盾呢？

看來很難。數學家哥德爾證明了：想證明一個理論系統無矛盾，必須假定一個更大的理論系統無矛盾。所以，數學的無矛盾性無法在數學內部證明。數學的力量，只能在它廣泛有效的應用中表現出來！

實踐是檢驗真理的唯一標準。這對數學也不例外！

除了羅素悖論之外，數學史上還有過好多著名的悖論。

在古希臘，人們發現：邊長為 1 的正方形，它的對角線的長，不能用分數表示，當時就被認為是悖論，叫做畢達哥拉斯悖論。那時候，人們只有有理數的知識，於是就把這個發現，看成是一次數學危機。

引進了無理數之後，這個悖論就被消除了。

類似的，在歷史上還有過「勇士追不上烏龜」的芝諾悖論，「無窮小的數是不是0」的貝克萊悖論。特別是貝克萊的悖論，對數學界影響很大，被稱為第二次數學危機。隨着微積分的發展，人們掌握了極限理論，這些悖論也被消除了。

羅素悖論比數學史上的每一個悖論都更深刻。因為它涉及數學的基礎，引起了數學家長時期的大爭論，被稱為第三次數學危機。

第一次危機，促進了無理數的誕生。第二次危機，加速了微積分的成熟。作為第三次危機的結果，一門新的數學分支，公理化集合論建立起來了。

這三次危機，一次比一次深刻，一次比一次引起了更大的震動。

可是，每經過一次危機，數學的成就更加輝煌，數學花園裏就增加了更多的奇花異草！

數學，這門古老的科學，至今仍是生機勃勃，正在飛快地向前發展。

集合論，作為數學的基礎，它和邏輯學、語言學、哲學相互聯繫，並肩前進。它的領域正在不斷擴大，許多新問題，有待新一代的人們去解決！

## 思考題

羅素悖論在數學上是怎麼回事呢？

某些集合看起來也可以是自己的元素。比方說：一切不是皮球的東西構成的集合，這個集合自己也不是皮球，所以它應該是自己的元素。羅素定義一個這樣的集合：所有自己不是自己的元素的集合組成的集合。這個集合是不是自己的元素呢？無論怎麼回答，都有矛盾：

要是它是自己的元素，它應當是「自己不是自己的元素的集合」；

要是它不是自己的元素，它應當不是「自己不是自己的元素的集合」，也就是應當是自己的元素！

# 附錄　關於對〈有名的怪題〉一節的討論和修正

2011 年 3 月 25 日，我收到了署名為「水的自由落體」的一封電子郵件，對本書中〈有名的怪題〉一節（見 80 頁）提出了不同的看法。後來我知道，「水的自由落體」是溫州市建設小學的數學老師池捷。仔細看了郵件，發現池老師是對的。也就是說，書中的論述是有漏洞的。現在將郵件中有關的分析論述複製黏貼如下，最後並說明修正的辦法。

此處作者謹向池老師表示衷心感謝。

下面的楷體字是郵件原文：

一開始甲說「你肯定不能猜出我的 $p$」，除了可以知道乙手中的 $q$ 不能寫成 2 個素數之積以外，我認為還可知道，$q$ 不能寫成一個充分大的素數與兩個較小素數的積，例如 37。

若甲拿到 37，則兩個根有可能為 31 與 6，所以乙有可能拿到的積為 $31\times2\times3$；若乙拿到這樣的積，因為兩根之和不能大於 40，馬上就能知道兩個根為 31 與 6（因為 31 與 2 或者與 3 相乘的話，根就大於 40 了）。從而在這種情況下，乙就知道甲手上的 $p$，既然甲很肯定地說乙肯定不知道甲手上的 $p$，所以甲手上就不能為 37。

同樣道理甲不能為 35，因為兩個根有可能為 31 與 4，若乙

拿到 $31\times2\times2$ 的積，則乙能馬上判斷出兩個根為 31 與 4，從而知道甲手上的 $p$。

同理可得，甲手上也不能為 29，因為 $p$ 為 29，兩個根有可能為 23 與 6，$p$ 也不能為 27，兩個根有可能為 23 與 4。

所以從甲説的第一句話可知，在 4 到 40 之間，一開始兩個根之和只能為 11、17、23。（而書上一開始得出的結論是有 7 個數，後來是利用兩根之和是否在 7 個數之中得出最後的答案，其實兩個根之和只能為 3 個數。）

A. 若甲手上為 11，

則兩個根有可能為 2 與 9、3 與 8、4 與 7、5 與 6；

所以乙手上拿到的積有可能為 18，24，28，30。

$18=2\times9=3\times6$，只有 $2+9$ 在這 3 個數之中。

$24=3\times8=2\times12=4\times6$，只有 $3+8$ 在這 3 個數之中；

$28=4\times7=2\times14$，只有 $4+7$ 在這 3 個數之中。

$30=2\times15=3\times10=5\times6$，只有 $2+15$、$5+6$ 在這 3 個數之中。

可見，若乙拿到了 18、24、28，就能判斷出甲手上拿的是 11，

可是這時，甲卻不能斷定乙方手上的是 18、24 還是 28，

所以，甲手上拿的不是 11。

B. 若甲手上為 17，

則兩個根有可能為 2 與 15、3 與 14、4 與 13、5 與 12、6 與 11，7 與 10、8 與 9；

所以乙手上有可能為 30，42，52，60，66，70，72。

$30=2\times15=3\times10=5\times6$，其中只有 17 和 11 在 3 個數之中，所以若乙拿到 30，則不能判斷甲手上是 11 還是 17。

42=2×21=3×14=6×7，其中只有 23 與 17 在 3 個數之中，所以若乙拿到 42，則不能判斷甲手上是 11 還是 17。

52=2×26=4×13，其中只有 17 在 3 個數之中。

66=2×33=3×22=6×11，其中只有 17 在 3 個數之中。

（而書上是因為 35 在 7 個數之中，從而否定掉 66 這個數，其實 66 不應該被否定。）

而 70 與 72 與上面情況類似。

可見若乙手上拿的有 52、66、70 或者 72，則能斷定甲手裏是 17，可是這時甲卻不能斷定乙手裏是 52、66、70 還是 72。

所以甲手上不可能為 17。

C. 若甲手上為 23，

則兩個根有可能為 10 與 13、14 與 9、12 與 11⋯⋯

所以乙手上拿到的積有可能為 130、126、132⋯⋯

130=10×13=5×26=2×65，其中只有 10+13 在 3 個數之中。

126=14×9=7×18=⋯⋯其中 14+9 在 3 個數之中，可見若乙手上拿的是 130 或者 126，則能斷定甲手裏是 23。可是這時甲卻不能斷定乙手裏是 130 還是 126。

所以，甲手裏不是 23。

所以我認為原題無解。

我和我的學生鄭煥博士討論了這個問題。下面是他提出的修改意見，我以為是正確的。

在這道題中，把 40 改成 65（65 是針對 37 而修改的，65=31×2+3）就可以了，這時 37、35、29、27 都不能排除，首先因為這些數不能表示成兩個素數之和，其次當它們表示成一個素數與一個合數之和時，這個素數小於等於 31，而合數必有因數 2，這時 $31 \times 2 < 65$，所以它們不能排除。而 40~65 之間的數都可以排除，首先排除 40~65 之間的偶數（它們都可以表示成兩個素數之和），其次對於 40~65 之間的任何一個奇數 $a$，都可以把它表示成 $a = 37 + (a - 37)$，而 $a - 37$ 的任何一個大於 1 的因數與 37 的乘積都大於 65，所以也排除了 40~65 之間的奇數。

這樣修改後原題答案不變。